HAFFMANS TOLKEMITT

DEUTSCHLAND SAFARI

15 Reisen zu wilden Tieren | Ralf Stork

AUS DER REIHE »COOL CAMPING«

DEUTSCHLAND SAFARI

15 Reisen zu wilden Tieren | *Ralf Stork*

AUS DER REIHE »COOL CAMPING«

HAFFMANS TOLKEMITT

Für Elisabeth, ohne die es dieses Buch nicht geben würde

Deutsche Erstausgabe

1. Auflage, Juni 2014

Lektorat: *Katharina Theml (Büro Z, Wiesbaden)*
Gestaltung, Karte, Infografiken und Symbole: *—Studio Ingeborg Schindler*
Herstellung: *Urs Jakob, Werkstatt im Grünen Winkel, CH-8400 Winterthur*
Satz: *Fotosatz Amann, Memmingen*
Druck & Bindung: *Ebner & Spiegel, Ulm*
Printed in Germany

ISBN 978-3-942989-75-6

INHALT

DEUTSCHLANDSAFARI

VORWORT

VON RALF STORK

In Deutschland gibt es keine wilden Elefanten. Das ist schade, aber nicht zu ändern. Es gibt auch keine Giraffen, Löwen oder Nashörner. Zwischen Kiel und München streifen nicht mal winzige Zebra- und Antilopenherden umher, die von hungrigen Raubtieren belauert werden. Selbst Elche oder Bären, die in anderen Ländern mit ähnlichen klimatischen Bedingungen noch vorkommen, gibt es bei uns nicht mehr.

Schuld daran war von Anfang an auch der Jagdeifer des Menschen: Am Ende der letzten Eiszeit hatten Mammute, Riesenhirsche und Wollnashörner schon genug damit zu tun, dass sich ihre geliebte Kältesteppe in einen ziemlich warmen Wald verwandelte. Dann kamen auch noch die Menschen mit immer ausgefuchsteren Waffen und gaben ihnen den Rest. Steckten in späteren Zeiten die letzten großen Tiere den Kopf aus dem Wald, standen die Chancen nicht schlecht, dass sie erschossen wurden.

Im Laufe der Zeit wurden in Deutschland unzählige Wälder gerodet, Flüsse begradigt, Feuchtgebiete trockengelegt, Autobahnen und Neubausiedlungen gebaut. Und nebenbei die letzten Elche, Bären und Wisente ausgerottet. Bei so viel ausgelöschter Großtierfauna und rundum kultivierter Landschaft ist es kein Wunder, dass Deutschland in der Welt nicht gerade als Naturparadies gilt. Romantische Landschaft, ja. Aber richtige Wildnis? Dafür scheint zwischen all den Straßen, Siedlungen und Feldern längst kein Platz mehr zu sein – auch nicht in unseren Köpfen: Wir glauben einfach nicht daran, dass irgendwo da draußen noch wirklich wildes Leben existiert.

Dabei ist die Tierwelt vor unserer Haustür viel spektakulärer, als wir es für möglich halten. Es gibt mehr zu entdecken als die paar Rehe, die man vom Zug aus sieht; mehr als Wildschweine in den Vorgärten oder totgefahrene Waschbären am Straßenrand. Unter uns leben Tiere, von denen wir nicht einmal ahnten, dass sie in Deutschland vorkommen. Es gibt riesige Wanderbewegungen, choreografiertes Imponiergehabe und dramatische Kämpfe auf Leben und Tod. Viele dieser Spektakel kann man bequem mit der ganzen Familie und aus unmittelbarer Nähe beobachten – und zwar ohne wochenlang auf der Lauer liegen zu müssen oder durch den Wald zu pirschen.

Die Brunft der Rothirsche zum Beispiel:
Wie die meisten Großstädter kannte ich den röhrenden Hirsch lange Zeit nur als gemaltes Klischee in Öl, aus Tierparks oder Filmen von Heinz Sielmann. Dann reiste ich während der Brunftzeit ins »Tal der Hirsche« nach Mecklenburg-Vorpommern. Ich saß in der Dämmerung am Rand einer Lichtung auf einer Holztribüne und sah: mächtige Tiere. Die Hirsche leben dort frei, es gibt keine Zäune, und doch ist man unmittelbar bei der Brunft dabei. Erst hört man nur das Röhren und das laute Krachen, wenn sich ihre Geweihe ineinander verhaken. Dann sieht man die Tiere mitten auf der Lichtung majestätisch einherschreiten oder sich mit aller Kraft in den Boden stemmen, um ihre Rivalen wegzuschieben. Und das Rudel Hirschkühe, das groß und massig und sehr präsent hinter einer Bodenwelle hervordrängt, könnte es auf der Erlebnisskala lässig mit einer Löwenfamilie aufnehmen.

Oder die Geburt der Robbenbabys:
Auf der Helgoländer Düne tummeln sich in den Wintermonaten Hunderte Kegelrobben. Beim Strandspaziergang stolpert man förmlich über sie. Und ist live dabei, wenn die Robbenbabys geboren werden, wenn Mütter ihre Kinder säugen, rivalisierende Bullen aufeinander losgehen oder sich Romanzen zwischen den

Geschlechtern anbahnen. Die Tiere lassen sich dabei kein bisschen von den Menschen stören. Und wenn man will, findet man sogar Stellen, an denen man mit den Tieren ganz allein sein kann.

Es gibt in Deutschland Dutzende Orte, an denen man Tiere besonders gut beobachten kann. In diesem Buch will ich die spektakulärsten von ihnen vorstellen. Ausschlaggebend für die Auswahl ist die Wahrscheinlichkeit, mit der man die Tiere auch zu Gesicht bekommt. Die Messlatte liegt dabei hoch. Bei den Recherchereisen betrug die Erfolgsquote satte 100 Prozent!

Wenn man es darauf anlegt, kann man die Orte und Tiere der einzelnen Kapitel in wenigen Stunden abhaken. Aus verschiedenen Gründen empfiehlt es sich aber, mehr Zeit mitzubringen.

1. Die Tiere haben Geschmack. So gut wie alle vorgestellten Ziele sind landschaftlich sehr reizvoll und touristisch zumindest halbwegs erschlossen.

2. Wenn schon, denn schon. Wenn man schon mal in die Pampa fährt, sollte man sich auch ganz auf das Abenteuer einlassen und am besten auch ein paar Übernachtungen mit einplanen.

3. Jede Safari ist anders. Die Tiere haben ihren eigenen Kopf. Bei zwei oder drei Safari-Gängen ist die Chance viel größer, dass die Flamingos direkt vorm Beobachtungsturm mit ihren Schnäbeln durchs Wasser pflügen oder der vom Biber gefällte Baum einem fast aufs Kanu knallt.

Wie überall im Leben gilt auch auf Deutschlandsafari: Der Weg ist das Ziel. Wer den Fokus zu sehr auf die beschriebenen Arten verengt, bringt sich um viele spannende Begegnungen mit Menschen und anderen Tieren.

MEINE FAVORITEN

DIE 3 BESTEN VON 15

1

MIT DEN HEULERN HEULEN

KEGELROBBEN GANZ NAH UND
OHNE SCHEU. GALAPAGOS-GEFÜHLE
AUF HELGOLAND (S. 228)

• • •

2

EINE BÜHNE FÜR DIE HIRSCHE

RÖHRENDES ROTWILD
OHNE ZAUN IN DER TOLLEN
LANDSCHAFT VON KLEPELSHAGEN (S. 88)

• • •

3

DIE DEN ADLER VERPFEIFEN

DIE MURMELTIERE MÜSSEN ERST GESUCHT UND
GEFUNDEN WERDEN. ZUR BELOHNUNG DANN
EINE BROTZEIT VOR ALPENPANORAMA (S. 176)

• • •

HALLIG HOOGE

S. 12–27

1

KLEIN, ABER OHO

RINGELGÄNSE AUF DER HALLIG HOOGE

Die Entschleunigung setzt schon ein ganzes Stück vor dem Zielort ein. Sogar noch deutlich vor dem kleinen Anleger der Fähre, die uns auf die Hallig bringen wird, jenes kleine Fleckchen Land im Meer, das partout nicht Insel genannt werden will. Je näher wir der nordfriesischen Küste kommen, desto urtümlicher werden die Namen der Orte: Bordelum, Büttjebüll, Ockholm.

WDR
Hilligenlei
Hilligenlei

Auf den letzten paar Kilometern wird die Aussicht immer tierischer. Auf dem Deich zur Linken Schafe mit frisch geborenen Lämmern. Auf der rechten Seite saftige Wiesen, auf denen Graugänse mit ihren Gösseln bis dicht an die Straße kommen. Im Hintergrund große Wasserflächen, über die Gänsescharen ziehen. Dann ist die Straße plötzlich zu Ende und man ist da. In Schlüttsiel. Das ist kein Ort, sondern ein kleiner Verkehrsknoten am Ende der Welt – und eine Verheißung. Schlüttsiel, wie das schon klingt, nach Platt und Watt. Da kann man das Platschen und Schlürfen der nackten Füße im Schlick fast schon hören.

Wir stellen unseren Wagen auf dem Dauerparkplatz ab und gehen die paar Schritte zur Fähre. Wir, das sind Elisabeth, ich und Felix, unser zweijähriger Sohn. Wenn es möglich ist, gehen wir gemeinsam auf Rechercherreise. Denn zum einen sind die meisten Safari-Orte so schön, dass man dort gerne ein paar Tage Urlaub macht. Zum anderen ist damit auch gleich ein kritisches Testpublikum zur Stelle, das mir zeigt, ob sich auch notorische Kulturmenschen aus der Großstadt und Kinder für das große Naturschauspiel begeistern lassen. Ohne den schützenden Deich pfeift uns der Wind um die Ohren. Das wird sich in den nächsten Tagen kaum ändern. Felix stört das nicht. Er hat seine dicke Wintermütze auf. Es gibt Möwen, die wollen gefüttert werden, und dann parkt auf der Halligfähre auch noch ein großer Trecker.

Die Überfahrt dauert eine gute Stunde. Die Fähre ist eine richtige Fähre, kein Ausflugsdampfer. Statt Oberdeck mit Panoramaglas gibt es unten im Schiffsbauch den »Salon«. Aus ein paar Bullaugen kann man von dort direkt auf Augenhöhe in die kabbelige See gucken. Das Interieur ist nicht wirklich schön, trotzdem finden wir es hier von Minute zu Minute gemütlicher. Das genaue Gegenteil von überkandidelt. Auf dem Deck riecht es nach Diesel und im »Salon« nach Bockwurst. Und egal wen man trifft – alle sind unglaublich freundlich. Die Leute von der Fähre, die Leute im Hafen, selbst die anderen Touristen. Alle.

Felix will das Meer sehen. Also gehen wir an den Autos und Traktoren vorbei bis zur Bugklappe. Da weht der Wind zwar heftig, aber der Blick auf das Meer und Hallig Hooge, die langsam am Horizont erscheint, ist unverstellt. Von einer Insel kann man wirklich nicht reden. Aus den Wellen vor uns ragen zehn kleine Hügel, die zusammen ein winziges Archipel ergeben. Die Hügel sind die Warften, von Menschenhand aufgeworfen (daher der Name). Auf ihnen stehen dicht gedrängt die Häuser. Sie bieten Schutz vor der Nordsee, die das umliegende Land jedes Jahr ein paarmal unter Wasser setzt. Das übrige Land der Hallig ist so flach, dass es erst kurz vor der Ankunft im Hafen aus den Fluten auftaucht.

Wo bitte schön ist das Empfangskomitee der Ringelgänse? 30 000 und mehr, heißt es, sollen sich im April und Mai auf dem Eiland tummeln. Aber ich sehe nur eine kleine Schar, die sich recht weit entfernt in den Windschatten einer Baracke drückt. Doch der Schein trügt. Hooge ist zwar klein, hat aber mit seinen fünf, sechs Quadratkilometern genügend Fläche zu bieten, auf der die Gänse sich verteilen können. Die Ringelgänse sind da. Überall. Aber sie drängeln sich nicht in den Vordergrund. Das hat den schönen Nebeneffekt, dass sie der Hallig genügend Raum geben, um selbst mit ihrer Schönheit zu glänzen.

Wir werden mit dem Auto abgeholt. Auf der kurzen Fahrt vom Hafen im Norden zu unserer Ferienwohnung auf der Ockenswarft ganz im Südosten der Hallig lassen wir die eigentümliche Landschaft auf uns wirken. Links und rechts der schmalen Straße Wiesen in verschiedenen Grüntönen, von schmalen und breiteren Kanälen durchzogen. Kein Baum, so weit das Auge reicht. Noch haben Gänse und andere Vögel die Fennen für sich. Das Pensionsvieh – Rinder, die wie die Badetouristen im Sommerhalbjahr auf die Hallig verschifft werden – kommt erst Ende April, Anfang Mai. Egal in welche Richtung man aus dem Fenster guckt, mal näher, mal weiter weg, am Himmel oder am Boden, überall sieht man Ringelgänse und dazu noch ein paar Feldlerchen, Rotschenkel, Seeschwalben oder Stockenten, die sich wegen des kräftigen Windes hinter hohe Grasbüschel ducken.

Wir fahren an der Backenswarft, Kirchwarft und Hanswarft vorbei. Die meisten Häuser sind ziemlich wuchtig. Ein jedes eine starke Einheit ganz für sich. Viele sind mit Reet gedeckt. Weil die Häuser auf ihnen so dicht an dicht stehen, sehen die Warften aus wie Wagenburgen. Der Hauptfeind, dem so tagtäglich getrotzt werden soll, ist nicht nur das Meer, sondern auch der Wind. Wie die Inuit, die angeblich 70 verschiedene Wörter für Schnee haben, hätten sich die Halligbewohner an langen, einsamen Winterabenden lässig 100 Wörter für die verschiedensten Luftbewegungen ausdenken können. Andererseits – bei der Allgegenwart des Windes auf dem flachen, baumlosen Land reichen auch die paar, die man an einer Hand abzählen kann: Wind, Sturm, Orkan. »Im vergangenen Jahr hatten wir in der Saison genau fünf Tage, an denen die Sonne schien und es nicht so wehte«, sagt unsere Fahrerin. Sie kommt aus Rumänien und arbeitet seit vielen Jahren regelmäßig von April bis September als Saisonkraft auf Hooge.

Wir laden nur schnell unser Gepäck ab, dann gehen wir gegen eine steife Brise an zurück zur Hanswarft. Der Wind zerrt an den Kleidern, der Weg ist einsam, der Horizont weit, und auf den Wiesen rufen die Gänse ihr charakteristisches »Rott, rott«. Wir brauchen für den Weg nicht länger als zehn Minuten und haben am Ende das Gefühl, eine kleine Wildnis durchquert zu haben.

Nach so viel elementarer Natur im Schnelldurchlauf folgt auf der Warft das kulturelle/zivilisatorische Kontrastprogramm: Rathaus, Wattenmeerstation, Heimatmuseum, Königspesel, Tante-Emma-Laden, mehrere Restaurants und eine Teestube – alles auf einem Fleck. Mit ihren gerade mal 15 Häusern ist die Hanswarft unbestrittene Hauptstadt des Archipels. Nur einen Bankautomaten suchen wir vergebens. Den gibt es auf ganz Hooge nicht. Die Auswahl des passenden Restaurants fällt deshalb leicht. Wir nehmen einfach das, das auch EC-Karten akzeptiert, und landen im »Seehund«, der für die nächsten Tage zu unserem Stammlokal wird.

Obwohl die Hauptsaison mit ihren vielen hundert Tagestouristen erst in zwei Monaten beginnt, ist der »Seehund« so gut besucht wie eine angesagte Bar in Berlin-Mitte. Fast jeder Tisch ist besetzt, der Lärmpegel ist ordentlich, und keine Sekunde hat man das Gefühl, in einem schnöden Ausflugslokal für Touristen gestrandet zu sein. Denn neben den Gästen aus der ganzen Republik sitzen auch Einheimische an den Tischen.

Eine Prise Internationalität kommt noch durch

Hallig–Galerie . & Keramik

die polnisch-rumänischen Köche und Kellner hinzu. Und durch die Wirtin. Ursprünglich stammt sie aus dem Libanon. Vor Jahrzehnten ist sie ihrem friesischen Mann auf die Hallig gefolgt.

Wenn man will, kommt man mit jedem der Anwesenden zwanglos ins Gespräch. Vermutlich rührt die Offenheit und Herzlichkeit auf Hooge aus dem Bewusstsein, dass man in einem so kleinen und fragilen Gemeinwesen ganz besonders stark zusammenhalten muss. Und wer weiß, vielleicht überlegt es sich ja einer der so herzlich empfangenen Besucher und lässt sich dauerhaft oder zumindest für eine Zeit auf Hooge nieder. Denn Verstärkung, vor allem von jungen Familien, kann die Gemeinde jederzeit gut gebrauchen.

Auf unserem Weg zurück zur Ockenswarft sind wir alle drei bereits große Hooge-Fans, wenn auch nicht ganz aus den gleichen Gründen. Felix ist zufrieden, weil er im Restaurant herumlaufen konnte und auch aus der Küche nicht gleich rausgeschmissen wurde. Darüber hinaus hat er völlig neue visuelle Eindrücke zu verarbeiten: Erst ist die weite Fläche des Himmels leer, dann plötzlich sind große Gänsescharen in wechselnden Formationen darauf zu sehen. Elisabeth hat sich in den Ort als Ganzes verliebt. Das mit den Gänsen ist für sie nicht das Entscheidende. Ich finde auch das Gesamtpaket toll, kann mir ein Hallig-Leben ohne die Gänse aber schon jetzt nicht mehr richtig vorstellen. »Rott, rott« ruft es von links und rechts. Wieder fliegt eine Formation über unsere Köpfe hinweg. Die Ringelgänse, die noch auf den Fennen stehen und fressen, heben misstrauisch die Köpfe, als wir vorbeigehen. Ein paar Schritte weichen sie vor uns zurück, dann fressen sie ruhig weiter. Sie sind wie gute Bassisten in einer Band. Sie spielen sich nicht in den Mittelpunkt und werden deshalb kaum wahrgenommen. Hören sie aber zu spielen auf, ist der ganze Sound plötzlich irgendwie fad. Ganz schön was los hier.

Am nächsten Morgen stehe ich früh auf, um mich ganz den Ringelgänsen zu widmen. Ich verlasse unsere Wagenburg und schlage wieder den Weg Richtung Hanswarft ein. Es weht. Die Gänse sind da. Auf ihrem Rückflug in ihre sibirischen Brutreviere legen sie ab März bis Mitte Mai eine ausgedehnte Rast auf den Halligen und umliegenden Wattflächen ein. Wenn die Vögel ankommen, haben sie nur ein Ziel: fressen, was das Zeug hält. Auf den Salzwiesen im Deichvorland, draußen im Watt oder auf den »süßen« Fennen im Landesinneren, die nur selten vom Meer überspült werden. Zunächst sind sie noch scheu und fliegen bei der kleinsten Störung auf. Nach einigen Wochen auf der Hallig werden sie immer fetter und fauler und reagieren gelassener auf Störungen. Der Kellner im »Seehund« hat erzählt, dass sie manchmal nur sehr widerwillig Platz machen, wenn sich ein Auto nähert. Fußgängern gegenüber bleiben die Gänse misstrauischer. Deshalb machen sie sich bevorzugt in den verkehrsarmen Morgen- und Abendstunden über das saftige Gras her, das direkt neben den Wegen oder in den Gärten auf den Warften wächst.

Als Erstes fällt mir auf, dass es sich bei den Scharen keineswegs um eine amorphe Masse handelt. Ich kann Einzeltiere leicht von den Paaren unterscheiden, die bei der Nahrungssuche Seit an Seit voranschreiten. Bei manchen ist das gleichgeschaltete Verhalten so ausgeprägt, dass sie problemlos beim Synchronschwimmen

antreten könnten. Zeitgleich heben sie den Kopf, gehen ein paar Schritte weiter, rupfen Grashalme, putzen sich oder ruhen sich aus.

Relativ leicht kann ich auch die Unterschiede zwischen Ganter und Gänsen ausmachen. Die Ganter sind eine Federspitze größer und wiegen bis zu 150 Gramm mehr. Das hört sich nicht nach besonders viel an, macht aber rund zehn Prozent des Gesamtgewichts aus. Dieser Massenunterschied wird noch dadurch verstärkt, dass die Ganter häufiger in aufrechter Habachtstellung mit hochgerecktem Kopf die Umgebung sichern als die Gänse. Die verlassen sich auf die Aufmerksamkeit ihres Partners und fressen in der Zeit einfach weiter. Schließlich wartet nach dem anstrengenden Rückflug nach Sibirien auch noch das kraftzehrende Brutgeschäft auf sie.

Die anstrengende Reise, die den Gänsen noch bevorsteht, ist ein Grund dafür, dass sie sich so emsig der Nahrungsaufnahme widmen. Wenn sie nicht gestört werden, rupfen sie im Durchschnitt knapp 90-mal pro Minute einen Grashalm oder andere Nahrung ab. Auf diese Weise nehmen sie im April und Mai jeden Tag rund 250 Gramm Nahrung auf, deutlich mehr als in anderen Monaten. Die Gänse sind aber außerordentlich schlechte Futterverwerter. Obwohl sie im Frühjahr jeden Tag weit mehr als 15 Prozent ihres Körpergewichtes in sich hineinstopfen, schaffen sie es gerade mal so, nicht vom Fleisch zu fallen und ein paar Gramm extra als Energiereserve anzulegen, damit sie es überhaupt bis ins Brutrevier schaffen. Wir Menschen würden bei einer solchen Völlerei hoffnungslos verfetten.

Dass nicht so viel dran bleibt an den Gänsen, hat auch mit deren schneller Verdauung zu tun. Zum Teil dauert der Weg durch den kompletten Vogel gerade mal 40 Minuten. Alle vier bis fünf Minuten geben die Vögel eine kleine Kotrolle ab. Nur etwa ein Drittel der in der Nahrung enthaltenen Nährstoffe wird verwertet. In Sachen Energieeffizienz gehören die Ringelgänse also nicht gerade zu den Weltmeistern. Aber schließlich müssen die Vögel ja auch flugfähig bleiben. Die schönste Energiereserve nutzt ihnen nichts, wenn sie nicht mehr abheben können und für Füchse und andere Räuber zur leichten, fetten Beute werden.

Ich gehe an der Hanswarft vorbei zum Hafen und wieder zurück. Überall Gänse. Die, die sich das saftige Grün direkt am Wegesrand vorgenommen haben, bringen sich hinter dem nächsten Graben oder Zaun in Sicherheit, als ich mich nähere. Andere, die gerade den Spielplatz der Hallig-Kita abgrasen, weichen nur ein paar Schritte vor mir zurück. Bis auf zehn oder fünf Meter lassen die Gänse einen so an sich herankommen. Für echte Wildtiere, die dazu noch in den menschenleeren Weiten Sibiriens zu Hause sind, ist das extrem nah. Gut, es geht natürlich noch näher. Im Englischen Garten in München reißen einem die Graugänse das Brot direkt aus der Hand. Das ist auch ein schönes Spektakel, hat aber mit echten Wildtieren nur noch wenig zu tun.

Vor dem Wattenmeerhaus am Rande der Hanswarft hält sich eine große Gänseschar auf. Die Vögel zupfen Grashalme ab und trinken aus einer großen Pfütze. Ringelgänse sind ausgesprochene Meeresvögel. Kaum eine andere Art ist so gut an die salzige Lebensumwelt angepasst. Wenn es sein muss, können sie sogar Salzwasser trinken.

Das Salz aus dem Wasser und aus der Nahrung wird über zwei Salzdrüsen abgebaut, die auf der Oberseite des Kopfes sitzen. Von dort wird es weiter zur Nase geleitet, über die es von den Gänsen wieder ausgeniest wird. Da die Entsalzung sehr energieaufwendig ist, geben die Gänse nur sehr selten mit diesem Trick an. Nach Möglichkeit trinken sie Süßwasser.

Vor der Pfütze sind zwei Ganter unterschiedlicher Meinung: Die beiden drohen einander mit vorgestrecktem Hals. Diese in Gänsekreisen universal verständliche Geste kann in unterschiedlicher Intensität ausgeführt werden. Mal reicht ein leichtes Vorstrecken des Kopfes, mal läuft die Gans dabei dem Gegner entgegen. Wenn es richtig ernst wird, öffnet sie dabei den Schnabel und zischt und rennt mit gesenktem Kopf auf den Gegner zu. In diesem Fall an der Pfütze meint es der eine offensichtlich ernst. Zischend stürmt er auf seinen Opponenten zu, der sich schließlich abwendet. Worum es bei der Auseinandersetzung ging, kann ich nicht beurteilen. Vielleicht darum, wer zuerst aus der Pfütze trinken durfte, oder eine andere Lappalie. Und mit Sicherheit doch auch ums Ganze, das große Spiel von Überleben, Fortpflanzung und Tod.

Unter den Gänsen herrscht eine strenge Hierarchie und eine ausgeprägte Konkurrenz um die besten Futterplätze. Die höherrangigen Paare können länger an den besten Futterstellen verweilen, müssen deshalb beim Fressen weniger laufen und sparen so gleich doppelt Energie. Ein paar Gramm mehr oder weniger können entscheidend sein. Die Trennlinie, die über Erfolg oder Nichterfolg der Brut entscheidet, liegt bei einem Gewicht von gut 1600 Gramm. Bei ihrer Ankunft auf den Halligen Anfang April liegt ihr Gewicht gerade mal bei 1200 Gramm. Kein Wunder, dass sie bereit sind, wenn nötig jeden Grashalm bis aufs Blut zu verteidigen. Da lob ich mir doch den kleinen Inselladen, in dem ich ganz ohne Drohen und Zischen frische Brötchen und alles Weitere bekomme, was man zum Frühstücken braucht. Nachdem wir uns in der Ferienwohnung gestärkt haben, gehen wir zu einer ornithologischen Führung, die vom Wattenmeerhaus Hooge im Rahmen der Ringelganstage angeboten wird und in unmittelbarer Nähe unserer Warft beginnt.

Die Gänse sind wie immer auf ihren Plätzen, also überall. Aber der Wind zieht und zerrt nicht mehr. Für Hooger Verhältnisse ist es absolut windstill. Dazu kommt auch noch die Sonne raus und taucht die Salzwiesen vor dem niedrigen Deich in ein beinahe schon liebliches Licht.

Unsere Führerin ist eine junge Studentin, die in der Schutzstation ein freiwilliges ökologisches Jahr leistet. Sie führt uns entlang der Ostküste von Hooge. Wer möchte, kann seine Fragen zum Leben der Gänse loswerden oder durch das Spektiv gucken, das sie mitgeschleppt hat. Damit lassen sich auch Vögel beobachten, die eine größere Distanz zum Menschen suchen als die Gänse. Rotschenkel, Brandgänse und Austernfischer zum Beispiel. Die Tour, die man natürlich auch ohne Anleitung in Angriff nehmen kann, ist eine schöne Ergänzung zu den Wegen zwischen den Warften. Es geht direkt am Deich entlang und über die Wiesen. An einer Stelle müssen wir über einen wackeligen Holzsteg balancieren. Wer will, kann einen Abstecher zu einem größeren Teich machen, auf dem man verschiedene Entenarten beobachten kann. Wir beschließen den Rundweg mit dem Besuch der Ausstellung im Wattenmeerhaus auf der Hanswarft.

Der Nachmittag geht strahlend schön zu Ende. Die Sonne kommt noch einmal hinter den Wolken hervor, im Inneren der Hanswarft ist es nahezu windstill, so dass wir auf die verwegene Idee kommen, uns draußen niederzulassen. Zwei Frauen legen vor, wir machen es nach und bestellen Sekt mit Aperol. Nichts anderes scheint diesen kostbar heiteren Sonnenminuten angemessen zu sein. Auf Hooge muss man die seltenen windgebremsten Sonnenstrahlen feiern, wie sie fallen.

Später gehen wir wieder in den »Seehund«. Mit jedem Besuch fühlen wir uns mehr als Stammgäste. Es fehlt nicht viel, und wir hätten jeden der Anwesenden mit Handschlag begrüßt. Das wäre vermutlich auch im »Friesenpesel«, der »T-Stube« oder dem »Museums-Kroog« nicht anders. Egal ob Einheimische oder Besucher – mit großer Sicherheit ist man jedem der Anwesenden im Laufe des Tages schon irgendwo begegnet.

Die Wirtin kommt an unseren Tisch und fragt uns, wie lange wir noch auf Hooge bleiben. »Leider nur noch einen Tag.« »Wie schade«, sagt sie und erzählt, dass sie nebenher auch noch die Kita der Insel betreut. Weil Kinder im Vorschulalter unter den kaum hundert Hoogern knapp sind, werden auch die Kinder der Gäste bei Bedarf gerne mitbetreut. »Schade«, finden wir auch und überlegen ernsthaft, wann wir es in absehbarer Zeit noch einmal nach Hooge schaffen könnten.

Irgendwas macht diese Hallig mit einem, dass man unbedingt wiederkommen möchte. Allein schon, um zu sehen, wie sich die Dinge dort in der Abwesenheit weiterentwickelt haben. Nach ein paar Tagen kennt man schließlich nicht nur jeden Weg und jedes Haus auf der Hallig, sondern auch viele Hooger persönlich.

WISSENSWERTES

WER

Die Ringelgans (Branta bernicla bernicla) ist eine Meergans, die es gern gesellig mag. Sie ist deutlich kleiner und dunkler als Nonnen-, Kanadagänse und andere Verwandte. Schnabel, Beine und Flügel sind schwarz gefärbt, die Brust changiert zwischen Grau und Schwarz. Ihren Namen verdankt sie dem schmalen halbmondförmigen Fleck am Hals, der eine wichtige Rolle in der Gänsekommunikation spielt. Durch die gut sichtbaren weißen Flecken lassen sich die Bewegungen von Paaren oder größeren Gruppen besser synchronisieren. Dass die Gänse bei ihren Ringeln ganz genau hinschauen, zeigt sich allein schon daran, dass vor allem Partner mit ähnlich geformten Halsflecken zusammenkommen. Ringelgänse haben eine Flügelspannweite von nur 110 bis 120 Zentimeter. Ihr Gewicht liegt je nach Jahreszeit zwischen einem und 1,7 Kilogramm. In der Regel sind die Ganter ein bisschen schwerer (etwa 150 Gramm) als die Gänse.

WO

Ringelgänse brüten rund um den Polarkreis, von Sibirien über Nordamerika bis Grönland und Spitzbergen. Die meisten von ihnen – 250 000 bis 300 000 Tiere – bauen ihre Nester in der sibirischen Taimyr-Region. Im Winter weichen die Zugvögel weit nach Süden aus. In Europa liegen die Überwinterungsquartiere in den Küstenregionen von der Nordsee bis nach Frankreich. Vor ihrem endgültigen Rückflug in die Brutgebiete macht ein Großteil der Population zwischen April und Mai eine ausgiebige Zwischenrast im Wattenmeer. Vor allem rund um die Halligen kann man dort täglich bis zu 50 000 Gänse sehen.

BESONDERES

Im direkten Konkurrenzkampf um das saftigste Grün hätten die Ringelgänse gegen andere Gänse keine Chance. Den Mangel an Größe machen die Vögel dafür über eine körperliche Besonderheit wett: Ringelgänse sind in der Lage, auch sehr, sehr salzige Nahrung aufzunehmen. Rund um die Halligen im Wattenmeer finden sie davon jede Menge. Konkurrenten brauchen sie dort weniger zu fürchten, weil sich den meisten bei dem versalzenen Fraß der Magen umdrehen würde. Los werden sie das überschüssige Salz über eine Drüse am Schnabel: Wenn Ringelgänse niesen, rieselt dabei das Salz zu Boden.

ALTER

Die Ringelgänse werden in der Regel 20 Jahre alt.

SEX & SOZIALES

Wie alle Gänse sind auch Ringelgänse treuer als die meisten Menschen. Die Paare finden ein bis zwei Jahre vor der Geschlechtsreife zueinander und bleiben dann ein Leben lang zusammen. Allerdings ist die Seitensprungquote recht hoch. Fast jeder vierte Liebesakt findet außerhalb der Beziehung statt. Beide Eltern beteiligen sich am Nestbau. Das Brüten übernimmt allein die Gans. Um die Jungen kümmern sich dann wieder beide Eltern gemeinsam. Ringelgänse haben eine ausgeprägte Sozialordnung.

KULINARISCHES

Ringelgänse sind auf salzige Nahrung spezialisiert. Aber sie gehen auch mit der Zeit und der modernen Landwirtschaft. Seit Jahrzehnten haben sie deshalb ihren Speiseplan von Seegras, Grünalgen und Queller um Gräser und Wintergetreide erweitert. Bei den Bauern waren sie daher nur mäßig beliebt, es sei denn, sie kamen als Braten daher. Anfang des 20. Jahrhunderts wurden die Gänse in Deutschland noch heftig bejagt. In den 30er Jahren sollen sich Stalins Strafgefangene in Sibirien die Gänse und ihre Eier massenhaft einverleibt und so den Zusammenbruch der Bestände mit herbeigeführt haben.

AUSSICHTEN

Die erste Hälfte des 20. Jahrhunderts war nicht besonders gut zu den Ringelgänsen. 1932 verursachte ein Schleimpilz den Zusammenbruch der Seegrasbestände im Wattenmeer. Weil eine wichtige Nahrungsgrundlage fehlte und die Gänse in ihren Brut- und Winterquartieren gejagt wurden, gingen die Bestände um rund 90 Prozent zurück. 1955 wurde der Bestand der Ringelgänse auf nur noch 20 000 geschätzt. Der Pilz und Stalins Straflager hätten der Art also fast den Rest gegeben. Weil danach die Jagd vielerorts eingestellt wurde, gibt es heute wieder mehr als 250 000 Ringelgänse. Man geht davon aus, dass sich der natürliche Maximalbestand der Art wieder einpendelt.

AUF SAFARI

DIE BESTE ZEIT

Die Ringelgänse kommen Anfang April im Wattenmeer an und fliegen Mitte Mai weiter in ihre Brutgebiete. Die beste Beobachtungszeit beginnt Mitte April, wenn sich die Gänse nach zwei Wochen auf Hooge schon ein bisschen an die Menschen gewöhnt haben und weniger scheu sind.

DAS BASISLAGER

Das Wattenmeerhaus (Hanswarft 2, Tel.: 04849/229, E-Mail: hooge@schutzstation-wattenmeer.de, www.schutzstation-wattenmeer.de) ist die Anlaufstation für Exkursionen aller Art. Das Haus beherbergt auch eine Ausstellung über die Hallig und das Watt.

VERSORGUNGSLAGE BESTENS

Es gibt eine Vielzahl an Ferienwohnungen, Pensionen und Privatzimmern und eine gute Handvoll Restaurants. Beim Halligkaufmann auf der Hanswarft kann man sich mit Lebensmitteln und frischen Brötchen eindecken. Einen Bankautomaten sucht man auf Hooge vergebens. Also unbedingt genügend Bargeld mitnehmen, weil man nicht in allen Restaurants mit Karte bezahlen kann.

ANDERE TIERE

Feldlerche: Ausgerechnet auf der windzerzausten Hallig Hooge lassen sich die stimmstarken Singvögel besonders gut beobachten. Das Bestimmen der Lerchen ist auch für den absoluten Laien sehr einfach, weil auf Hooge kaum andere unbekannte Singvögel herumfliegen. Also: Lerchen sind die Vögel, die hoch am Himmel stehen und mit einem geschmetterten Lied gegen den Wind ansingen. Und die Vögel, die in den Morgenstunden auf den asphaltierten Wegen sitzen und sich mit einem schmetternden Lied in die Luft erheben, wenn sich ein Spaziergänger nähert.

Seeschwalbe: Auf der Hallig kommen zwei Arten vor (Küsten-Seeschwalbe und Trauer-Seeschwalbe), die nicht so leicht zu unterscheiden sind. Seeschwalben sind kleiner und schlanker als Lachmöwen. Der Schnabel ist rot, die Oberseite des Kopfes schwarz, die Flügel sind lang und schmal, der Schwanz gegabelt. Auf der Hallig sieht man sie oft an den breiten Gräben neben den Wegen. Aus der Luft stürzen sie sich mit Wucht Kopf voran ins Wasser, um kleine Fische zu erbeuten.

Rotschenkel: Auch ihn kann man gut von den Wegen aus beobachten, allerdings eher aus den Augenwinkeln. Die Rotschenkel sitzen gern auf den Zaunpfählen am Wegesrand. Ihre Fluchtdistanz ist relativ groß. Oft wird man deshalb erst auf sie aufmerksam, wenn sie mit einem laut geflöteten »Tjüt« davonfliegen.

ANDERE ORTE

Wer sich ein bisschen die Füße vertreten will, kann einmal um Hooge herumwandern. Nach etwa drei Stunden ist man wieder am Ausgangspunkt zurück. Das Wattenmeerhaus bietet verschiedene Wanderungen durchs Watt an. Eine führt zum Japsand, einer großen Sandbank vor der Hallig, die man in einer Stunde erreichen kann. Auf einer anderen Führung wird das Watt in der Nähe der Hallig auf der Suche nach den »Small Five« durchsiebt.

ZUR VORBEREITUNG

www.hooge.de

HIN & HER

Mit dem Auto: A 23 bis Heide, B 5 bis Bredstedt, bis etwa einen Kilometer hinter Bredstedt den Hinweisschildern Schlüttsiel folgen. Oder A 7 bis Schleswig/Schuby, B 201 (über Husum) bis circa einen Kilometer hinter Bredstedt. Von dort nach Schlüttsiel dem Hinweis folgen. Fährverbindungen unter www.faehre.de

Mit der Bahn: Bis Bahnhof Husum, dann weiter mit dem Zubringerbus bis zum Fährhafen Schlüttsiel.

SPENDEN UND PATENSCHAFTEN

Auf der Seite www.ringelganstage.de kann man für 30 Euro eine Patenschaft für eine Ringelgans übernehmen. Neben einer Urkunde und einer Ringelganstasse erhält der Pate jährlich Informationen über den Verbleib »seiner« Gans.

AVENTOFT

S. 28–41

2

DER STAR IST DER STAR

HIMMELSBALLETT AN DER DEUTSCH-DÄNISCHEN GRENZE

Vor rund zehn Jahren hatte Iver Gram eine ziemlich gute Idee. In der süddänischen Stadt Tondern gründete er das Unternehmen »Sort Safari«. »Sort« ist Dänisch und bedeutet schwarz. Und »sort sol« – »schwarze Sonne« – ist nicht nur in Süddänemark ein Begriff, mit dem jeder etwas anfangen kann.

Denn so bezeichnen die Jütländer die riesigen Starenwolken, die jeweils im Frühling und im Herbst über das deutsch-dänische Grenzgebiet fliegen. Die Schwärme können so groß werden, dass sie die Sonne verdunkeln. »Sort Safari« hat sich auf Führungen zu den Staren spezialisiert. Das Unternehmen hat einige feste und mehrere Dutzend freie Mitarbeiter. Und es ist weit und breit das einzige seiner Art. In der Saison sind jeden Tag mehrere Busladungen Touristen zu den Staren unterwegs. Sogar aus Kopenhagen reisen die Leute in Scharen an, um das Starenspektakel zu erleben.

Für die Region rund um Tondern ist das die mit Abstand größte Tourismusattraktion. 45 000 Besucher nehmen jedes Jahr allein an den Führungen von »Sort Safari« teil. Ganze Völkerscharen machen sich auch auf eigene Faust auf den Weg. In Dänemark sind die Starenschwärme und ihre Beobachtung offenbar zu einem Event geworden, das man im ganzen Land kennt. In einem so kleinen Land mit kurzen Wegen zu den großen Medien und in die Landespolitik ist so etwas mit Sicherheit leichter als in Deutschland. Trotzdem ist die Entwicklung umso bemerkenswerter, wenn man sich anschaut, was diesseits der Grenze passiert: nämlich gar nichts. Es gibt keine geführten Touren, keine Busreisen, keine entzückten Ahs und Ohs von Naturliebhabern. Obwohl auch diesseits der Grenze große Schwärme die Sonne verdunkeln, nimmt kaum jemand Notiz davon.

Die wenigen Deutschen, die es doch zu den großen Schilfflächen im Grenzgebiet schaffen, bekommen also gleich zweierlei geboten: ein Naturschauspiel, das einem den Mund offen stehen lässt, und einen kleinen Einblick, wie die Dänen dieses Naturspektakel zu zelebrieren wissen.

Ein ziemlich guter Ort, um die Stare (und die Dänen) zu erleben, ist der Grenzort Aventoft. Er liegt auf deutscher Seite, ist wie alle Dörfer der Region ziemlich klein und wie alle Grenzorte ein bisschen merkwürdig. In den Geschäften gibt es vor allem dänische Produkte zu kaufen oder solche, die für die dänischen Besucher interessant sind. Schnaps zum Beispiel.

Am Vormittag sind wir hier auf unserem Weg nach Tondern schon einmal durchgefahren. Nach einem ausgiebigen Einkaufsbummel durch die hübsche Fußgängerzone der Stadt, die nicht einmal 10 000 Einwohner hat, sind wir nun auf dem Rückweg. Es ist kurz nach 17 Uhr, und verkehrstechnisch schwimmen wir definitiv mit dem Strom. Es sind ziemlich viele Autos Richtung Grenze unterwegs. In Aventoft selbst ist das Verkehrschaos ausgebrochen. Der Parkplatz vorm Supermarkt platzt schon aus allen Nähten.

Mit etwas Glück ergattern wir einen der letzten halbwegs legalen Parkplätze. Wir steigen aus und folgen dem Strom der Masse zu einem kleinen Damm, der sich am Rande einer weiten Schilffläche erhebt. Die Vermieterin unserer Ferienwohnung hatte uns den Tipp gegeben, dass ein großer aktueller Schlafplatz der Stare hier direkt an der Grenze liegt. Einige hundert Dänen hatten das offenbar auch erfahren. Jedenfalls ist der Damm von mehreren dichten Menschenreihen besetzt. Die Verkehrssprache ist Dänisch, unzählige Funktionsjacken in Blau, Grün, Rot und Gelb leuchten in der Abendsonne, nur von den Staren ist noch nichts zu sehen.

Elisabeth und Felix wird es auch ohne die Vögel nicht langweilig. Erst versucht Felix, durch das für ihn viel zu große Fernglas auf das Gras zu seinen Füßen zu starren. Dann versuchen beide gemeinsam herauszufinden, wer von den vielen hundert Menschen wohl am besten für das Ausharren auf dem Deich gerüstet ist. Gar nicht so einfach. Ohne wasserdichte Jacke und Gummistiefel oder Wanderschuhe lässt sich hier eh niemand blicken. Viele haben Rucksäcke dabei, aus denen sie je nach Bedarf Kameras und/oder Ferngläser, Taschentücher, Thermoskannen, Flachmänner, Regenschirme oder Schokolade hervorzaubern. Die größten Profis haben sich darüber hinaus noch Klappstühle und ein paar Decken mitgebracht. So sitzen sie vermutlich schon seit Stunden auf der Wiese, haben es sich bei Kaffee und Kuchen gemütlich gemacht und ihre Starensafari gleich zu einem mehrstündigen Naturpicknick ausgeweitet.

Mit einem Mal kommt Unruhe in der Gruppe auf. Offenbar hat irgendjemand irgendetwas entdeckt. Finger werden ausgestreckt und Ferngläser ausgerichtet. Tatsächlich, am gegenüberliegenden Rand des Schilfgebietes kann man eine kleine schwarze, fast kugelrunde Wolke erkennen, die ziemlich schnell in unsere Richtung fliegt. Eindeutig Stare. Einige hundert von ihnen haben sich zusammengetan und drehen schon mal ein paar Runden über der Fläche. Es ist mehr ein Wölkchen als eine Wolke und weit davon entfernt, irgendetwas verdunkeln zu können, aber der Anfang ist gemacht. Immer neue Starentrupps drehen ihre Runden über dem Schilf oder schließen sich in der Luft zu größeren Schwärmen zusammen.

Bald wird auch klar, warum dieses Schilffeld die Stare so anzieht. Ein Trupp kommt mit ziemlicher Geschwindigkeit auf den Damm zugeflogen, auf dem wir stehen. Kurz bevor sie uns erreicht haben, drehen die Vögel in der Luft bei, gehen in Sturzflugmodus über und stürzen sich zwischen die Schilfstängel. Fast sieht es so aus, als würden sie vom Erdboden verschluckt. Aber ein Blick durchs Fernglas zeigt, dass das nicht so ist. Wenn man aufs Schilfrohr scharf stellt, sieht man im Dämmerlicht, dass sich an jeden Halm drei, vier oder fünf Stare klammern. Sie wollen hier die Nacht verbringen. Und weil sie die sumpfige Wiese vor Räubern auf dem Landwege schützt, brauchen sie noch nicht mal Wachen aufzustellen. Mir ist es allerdings ein Rätsel, wie sie an den schwankenden Halmen auch nur ein Auge zumachen können und dass es nicht mehr Chaos gibt, wenn immer neue Stare Platz auf den schon besetzten Stängeln suchen.

Als ein Raunen durch die Menge geht, schaue ich nach oben. Weit hinten am Horizont sieht man eine sehr lang gezogene schwarze Wolke, die schnell näher kommt. Die Sonne ist schon untergegangen, aber dieser Schwarm hätte sie locker verdunkeln können – und noch ein paar andere Himmelskörper gleich mit. Die Wolke, hinter der schon ein neuer, noch größerer dunkler Schleier zu sehen ist, fliegt hin und her, bevor sie direkt auf uns zusteuert. Ich schaue zu Elisabeth und Felix rüber. Beiden steht der Mund offen vor Staunen, beide starren gebannt auf die Vogelwand, die sich da vor ihnen auftut. Noch nie habe ich auch nur annähernd so viele Vögel auf einem Haufen gesehen. Es sind mehrere hunderttausend. Das Ganze wirkt dabei kein bisschen bedrohlich, einfach nur sehr, sehr unwirklich. Jedes Mal wenn die Stare die Richtung ändern oder in den Landeanflug übergehen, wechselt das Bild dramatisch. Eben noch waren es Tausende kleiner Punkte am Himmel. Wenn sie die Flügel öffnen, werden sie plötzlich zu einer schwarzen Wand, beim nächsten Richtungswechsel wieder zu Punkten und immer so weiter. Mal fliegen die Stare ganz nah beieinander, dann wieder zieht es den Schwarm in die Länge. Durch dieses Wechselspiel sieht es so aus, als würden die Vogelwolken pulsieren.

Immer mehr und immer größere Schwärme kommen angeflogen und lassen sich schließlich im Schilf nieder. Irgendwann, als keine neuen Schwärme mehr anfliegen und wir schon denken, das war's jetzt aber, kommt noch ein Höhepunkt: Wie auf Kommando fliegen die Stare noch einmal auf. Wie bei einer stillen Explosion versprengt es sie in Sekundenbruchteilen an den Himmel. Dort drehen sie ein paar Runden, bevor sie sich erneut im Schilf niederlassen. Noch zwei-, dreimal geht das so, dann ist wirklich Nachtruhe. Im Tross mit den Dänen begeben wir uns zurück zum Parkplatz. Das ganze Himmelsballett hat nicht länger als 40 Minuten gedauert. Mehr als genug Zeit für diese irren Vogelwolken, sich tief in unser Gedächtnis zu brennen. Beschwingt fahren wir zurück in unsere Ferienwohnung ein paar Kilometer westlich in Rodenäs. Zur nächsten Flugshow wollen wir unbedingt wiederkommen, da sind wir uns einig.

Bis es so weit ist, vertreiben wir uns den nächsten Tag mit einer anderen Safari: Unmittelbar im Westen von Rodenäs liegt ein Naturschutzgebiet, das während des Vogelzugs Rastplatz für Hunderttausende Wat- und Seevögel ist. Auf einer schmalen Landzunge, die hier auch die Grenze zwischen Deutschland und Dänemark markiert, fährt man zwischen Wasser und Wiesen entlang. Links liegt der Rickelsbüller Koog und rechts der Margrethe-Koog. Beide Polderflächen sind durch einen Deich geschützt und wurden erst um 1980 der Nordsee abgetrotzt. Weil sie geschützt liegen, sind sie auch für die Zugvögel interessant. Es ist der nördlichste Punkt des deutschen Festlandes. Im flachen Wasser am Ufersaum sieht man unzählige Vögel herumwaten und mit ihren langen Schnäbeln auf der Suche nach Essbarem im Watt stochern. Es sind Rotschenkel, Sanderlinge, Knutts, Alpenstrandläufer, Kiebitzregenpfeifer, Sandregenpfeifer. Krickenten, Pfeifenten, Brandenten, Austernfischer, Kiebitze, Graugänse, Nonnengänse und bestimmt noch sehr viele andere Arten mehr.

Zum Glück ist die Straße von einer Reihe ziemlich professioneller Hobbyornithologen bevölkert, die einen gerne an ihren Entdeckungen teilhaben lassen. Wir bleiben also kurz neben einem roten VW-Bus stehen, dessen Besitzer durch ein riesiges Spektiv auf Wasser und Wiesen schaut. Er lässt mich auch mal gucken, schnappt sich ein Fernglas und navigiert mich so zu den verschiedenen Arten. Er ist extra aus Österreich angereist, um hier hoch im Norden die Zugvögel zu beobachten. Und er ist nicht der einzige weit gereiste Ornithologe auf der Grenzstraße. Neben deutschen und dänischen Nummernschildern entdeckt man auch einige aus den Niederlanden, Belgien und Polen.

Wir schauen noch ein wenig den Vogelschwärmen rund ums Wasser zu, dann machen wir uns auf zum Grenzübergang nach Aventoft. Ein bisschen was haben wir uns von den dänischen

Starenfreunden abgeschaut. Wir kommen dieses Mal nicht auf den letzten Drücker, sondern schon ein gutes Stück vor Beginn der Show, damit wir das Schilffeld und die Picknickatmosphäre schon ein wenig auf uns wirken lassen können. Einen Tisch und Klappstühle haben wir zwar nicht dabei, aber ein paar Kekse, etwas zu trinken und eine wasserfeste Decke, auf die wir uns setzen können. Ausstattungsmäßig bewegen wir uns damit im unteren Mittelfeld, aber immerhin. Wir sitzen und warten, während sich der Deich um uns langsam füllt. Das Schilf rauscht im Wind, und am Himmel wechseln die Wolkenformationen in schneller Folge. Nach einer guten Dreiviertelstunde kommen die Stare. Alles ist fast exakt wie beim ersten Mal und trotzdem genauso spektakulär. Zum Abschluss bemerken wir sogar noch ein paar Dinge, die uns beim ersten Mal entgangen waren: Als schon fast alle Stare im Schilf sind, kreist noch eine einzelne, deutlich größere Vogelsilhouette über der Marsch. Ein Greifvogel, der es offenbar auf die Stare abgesehen hat. Jedenfalls ist kurze Zeit später der ganze Schwarm wieder in der Luft. Mit kurzer Verzögerung hört man zum Bild der auffliegenden Stare auch noch den entsprechenden Ton. Das gleichzeitige Schlagen Hunderttausender Flügel – ein irres Geräusch!

WISSENSWERTES

WER

Der Star (Sturnus vulgaris) ist etwas kleiner als eine Amsel und hat allemal das Zeug zum Star in der Vogelwelt: Mit dem metallenen Glanz im Gefieder ist er ohnehin schon eine schillernde Persönlichkeit. Außerhalb der Brutsaison sind die dunklen Federn sehr hübsch mit hellen Tupfern übersät. Vor allem aber sind Stare inbrünstige Sänger und geniale Imitatoren. In ihre Lieder bauen sie gerne den Gesang anderer Vögel oder auch mal Alltagsgeräusche ein. Ihrem Vortrag verleihen sie zusätzlichen Nachdruck, indem sie ihr Gefieder aufplustern und mit den Flügeln schlagen. Das Einzige, was gegen den Starruhm spricht, ist das Gewöhnliche: Überall auf der Welt gibt es mittlerweile sehr, sehr viele Stare.

WO

Das natürliche Verbreitungsgebiet des Stars umfasst weite Teile Europas und Asiens. Er kommt in Island und am Nordkap ebenso vor wie in Italien und im Norden Spaniens und Griechenlands. In Asien erstreckt sich das Verbreitungsgebiet von der Türkei bis in die nordwestliche Mongolei. Unter anderem wurden Stare in Nordamerika, Australien und im südwestlichen Afrika sehr erfolgreich eingebürgert. Während der Zugzeit im Herbst und Frühjahr kommen an einigen Schlafplätzen mehrere 100 000 Vögel zusammen, die als große schwarze Wolke den Himmel verdunkeln können. In Deutschland lässt sich das Phänomen am besten an der deutsch-dänischen Grenze südlich von Tondern beobachten.

BESONDERES

Nicht unwesentlichen Anteil am starken Wachstum der Starenpopulation hatte der deutschstämmige New Yorker Eugene Schieffelin. 1891 ließ er im Central Park 100 aus England importierte Stare frei. Schieffelin wird nachgesagt, dass er alle Vogelarten, die in Shakespeares Werken Erwähnung finden, in Amerika heimisch machen wollte. Nach einer anderen Theorie sollten die ausgesetzten Stare die Spatzen zurückdrängen. Die waren bereits einige Jahrzehnte früher – unter anderem auch von Schieffelin – eingeführt worden und hatten sich zur Plage entwickelt. Die Stare vermehrten sich prächtig im neuen Lebensraum und sind mittlerweile selbst zur Plage geworden. Heute wird ihr Bestand in den USA auf rund 200 Millionen geschätzt.

ALTER

In Einzelfällen können Stare 20 Jahre und älter werden. Ein in Deutschland beringter Star brachte es auf 21 Jahre und vier Monate. Ein dänischer Star wurde sogar knapp 23 Jahre alt.

SEX & SOZIALES

Stare lieben es gesellig und halten sich die meiste Zeit des Jahres über in kleineren Trupps oder größeren Schwärmen auf. Nur zur Brutzeit werden ein paar Meter rund um die Bruthöhle verteidigt. In Liebesdingen lassen die Stare gerne mal fünfe gerade sein. Es gibt Starenmännchen, die während einer Brutsaison monogam sind. Die Regel ist das aber nicht. Bei Frankfurt hat ein Männchen in einer Brutperiode fünf Bruten mit vier verschiedenen Weibchen gehabt. Die erste Eiablage erfolgt meist Mitte bis Ende April. Die Jungen werden dann Ende Mai bis Anfang Juni flügge.

KULINARISCHES

Während der Brutzeit fressen Stare vor allem Insekten, aber auch Regenwürmer und Schnecken, die sie vom Boden absuchen. Anders als Amseln hüpfen sie dabei nicht, sondern schreiten kopfnickend voran. Das restliche Jahr über ernähren sich Stare überwiegend vegetarisch von Äpfeln und Kirschen, Oliven, Weintrauben und anderen Früchten – weshalb sie bei Gärtnern und Landwirten nicht allzu beliebt sind. In früheren Zeiten landeten Stare gelegentlich auch selbst im Kochtopf oder Backofen. Während der junge Star als recht bekömmlich galt, soll sich bei älteren Tieren ein sehr bitterer Beigeschmack einstellen.

AUSSICHTEN

Mit einem Gesamtbestand von mehr als 600 Millionen Staren weltweit ist die Art nicht gefährdet. Als Kulturfolger profitierten Stare stark von der Kultivierung großer Moore und der Ausweitung des Obstbaus. Allein in Deutschland liegt der Bestand bei zwei bis drei Millionen Brutpaaren.

AUF SAFARI

DIE BESTE ZEIT

Das Himmelsballett der Stare kann man zwei Mal im Jahr sehen, während des Vogelzugs im Frühjahr von Ende März bis Ende April und im Herbst von Mitte September bis Mitte Oktober. Bei Sonnenaufgang hat man die Vögel fast für sich allein. Bei Sonnenuntergang sind sie in der Region leichter zu finden, weil man nur nach den großen Reisebussen Ausschau halten muss.

DAS BASISLAGER

Die Schlafplätze der Stare wechseln. Man muss sich also vor Ort darüber informieren, wo sich die Vögel gerade aufhalten. Ein Anlaufpunkt dafür kann das Naturkundemuseum in Niebüll sein (Hauptstraße 108, 25899 Niebüll, Tel: 04661/5691, www.nkm-niebuell.de). Man kann sich auch einer geführten Tour von Sort Safari anschließen (Slotsgaden 22, DK-6270 Tønder, Tel: 00457372/6400, www.sortsafari.dk, igr@sortsafari.dk). Es werden auch Führungen auf Deutsch angeboten.

VERSORGUNGSLAGE MITTELPRÄCHTIG

Es gibt eine Reihe von Ferienwohnungen und Pensionen und einige Restaurants in der Umgebung. Supermärkte gibt es unter anderem in Klanxbüll und Neukirchen. Zentren der Region sind Niebüll und Tondern. Insgesamt ist die Region deutlich weniger touristisch als die nahe gelegenen Inseln und Halligen.

ANDERE TIERE

Außer den Staren und den Watvögeln am Rickelbüller Koog sieht und hört man erstaunlich viele Fasane, die über die Felder streifen.

ANDERE ORTE

Wenn man es schon mal so weit in den Norden geschafft hat, sollte man sich einen Abstecher auf das benachbarte Sylt nicht entgehen lassen. Züge nach Westerland fahren im Halbstundentakt unter anderem von Niebüll und Klanxbüll.

ZUR VORBEREITUNG

www.vadehavscentret.dk: Internetseite des dänischen Nationalparkzentrums in Ribe (auch auf Deutsch) mit Informationen zu Staren, Seehunden und dem Wattenmeer.

HIN & HER

Auf der A 7 aus Richtung Hamburg bis zur Ausfahrt Flensburg-Handewitt. Von dort auf der B 199 Richtung Leck und Niebüll. Hinter Klixbüll rechts ab auf die B 5 Richtung Tondern. Hinter Süderlügum führt links die Grenzstraße zum kleinen Grenzübergang nach Aventoft.

DIE MIT DEN OHREN SEHEN

WASSERFLEDERMÄUSE IN DER KALKBERGHÖHLE VON BAD SEGEBERG

Meine erste Begegnung mit den Fledermäusen beginnt mit einem Missverständnis. Es ist Ende August. Um 19 Uhr wollte ich im Fledermauszentrum »Noctalis« ankommen. Nach Bad Segeberg habe ich es schon geschafft, aber jetzt stehe ich im Stau. Vor mir, hinter mir: Autos. Donnerwetter, denke ich, die scheinen ja mächtig Werbung für ihre Fledermausnacht gemacht zu haben.

Doch das Ganze stellt sich ziemlich schnell als Irrtum heraus. Spätestens als drei Jungs mit Cowboy-Hüten und Henrystutzen auf mich anlegen, ist klar – gleicher Ort, andere Veranstaltung. Und dann sehe ich die großen Plakate: Winnetou I. Abendvorstellung. Mit Feuerwerk und großer Bühnenshow. Nachdem ich einen der letzten freien Parkplätze ergattert habe, reihe ich mich in den langen Zug der Cowboys und Indianer ein. Seit mehr als 50 Jahren locken die Karl-May-Festspiele jedes Jahr rund 300 000 Besucher nach Bad Segeberg. Als Kulisse für die Auftritte des gütigen Apachen-Häuptlings und seiner Freunde dient der Segeberger Kalkberg, der die Altstadt hoch überragt. Während die Karl-May-Jünger nach rechts ins Stadion streben, gehe ich weiter geradeaus Richtung Bühneneingang. Direkt daneben wurde 2006 das Fledermauszentrum »Noctalis« eröffnet, das einzige seiner Art in Europa. Auf drei Stockwerken erfahren die Besucher dort alles Wissenswerte über Fledermäuse. Und nicht nur das.

Die richtige Jahreszeit vorausgesetzt, bekommt man hier auch echte frei lebende Fledermäuse zu sehen – und zwar jede Menge und sehr nah. Ende August ist eine hervorragende Zeit dafür. Deshalb bieten Einrichtungen im ganzen Land am letzten Augustwochenende Vorträge und spezielle Führungen rund um die Fledermaus an.

Der Biologe und Fledermaus-Experte Florian Gloza-Rausch empfängt ein gutes Dutzend Neugierige vor dem Ausstellungsgebäude. Auf einem kurzen Rundgang zum Kalkberg erzählt er, was Bad Segeberg für die Fledermäuse so besonders macht: eine Höhle unterm Berg. Die Menschen haben sie erst 1913 entdeckt; Fledermäuse ziehen sich dorthin schon seit Tausenden von Jahren zurück. Jedenfalls haben Forscher in

ENTDECKER UND TOURISTEN

Die Karsthöhle unter dem Kalkberg wurde 1913 entdeckt. Sie ist rund 2260 Meter lang, von denen 300 Meter auf Führungen erkundet werden können. 1912 öffnete sich bei einer Sprengung am Kalkberg ein Spalt, der steil in die Tiefe führte. Bauarbeiter nutzten den Spalt zur Schuttentsorgung und Kinder bald darauf als Abenteuerspielplatz. Am 16. März 1913 ging der Student Jürgen Thode dem Spalt zusammen mit seinen Kommilitonen Ernst Gripp und Ernst Bornhöft systematisch auf den Grund, entdeckte die Höhle und gleich auch die Fledermäuse: *»Was ist das? Hier sind Gespenster! Hier spukt's. Irgendein Dingskirchen huschte an meiner Nase vorbei – im Schein der Lampe erkannte ich die Gestalt eines Vogels. Hier in der stockfinsteren Höhle sind Vögel? Das ist unmöglich. (...) Das können Fledermäuse sein, fiel plötzlich aus Gripps Mund«*, notiert er später im Protokoll über die Höhlenerkundung. Noch im gleichen Jahr wird die Höhle zur Besichtigung freigegeben. In den 30er Jahren kamen bis zu 70 000 Besucher. Heute kommen jedes Jahr etwa 40 000. Der Rückgang hat vor allem damit zu tun, dass die Höhle seit Anfang der 1990er Jahre zum Schutz für Fledermäuse und Käfer vom Herbst bis zum Frühling geschlossen bleibt. Der etwa 300 Meter lange Besucherweg folgt auf mit Kies befestigten Wegen der Fließrichtung des Wassers bis hin zum »Zentrum« des Kalkbergs. Unter anderem führt er vorbei an der »Säulenhalle«, die knapp 1000 Quadratmeter groß und damit der größte Raum der Höhle ist. Die Säulen sind mächtige Gipspfeiler, die an Sanduhren oder knorrige Baumstämme erinnern. Früher wurde dort sogar ein künstlicher Teich angelegt, auf dem Boote fuhren. Weil das Wasser immer wieder versickerte, wurde der Versuch nach kurzer Zeit wieder aufgegeben.

KARL · MAY · SPIELE
Kalkberg GmbH Bad Segeberg
WINNETOU I
22. JUNI – 1. SEPTEMBER

den tiefen Schichten der Fledermausexkremente auf dem Höhlenboden prähistorische Knochen entdeckt. Wenn es kalt wird, kommen um die 22 000 Fledermäuse dorthin zum Überwintern. Für Besucher wird die Höhle dann allerdings geschlossen. Ende August schauen pro Nacht bis zu 1500 Wasserfledermäuse zum Schwärmen vorbei.
Es sind vor allem Jungtiere, die schon mal auskundschaften wollen, wie gut sich die Höhle als warmer Unterschlupf eignet. 1500 – die Zahl will mir nicht aus dem Kopf. Wäre doch gelacht, wenn man nicht wenigstens ein paar von ihnen aus nächster Nähe beobachten könnte. Klar, ich habe schon Fledermäuse gesehen. Mal größere, mal kleinere dunkle Schatten, die über dem Park oder im Innenhof unseres Hauses ihre Runden drehten. Aber eben nicht so richtig. Nie so, dass ich mit Sicherheit die Farbe des Fells oder den Ausdruck der kleinen Gesichter hätte ausmachen können.

Einem Freund, der Fledermäuse nicht mag, vor allem nicht in seinem Schlafzimmer, ist im Sommer genau das passiert: Eine Fledermaus hat sich in sein Schlafzimmer verirrt und hinter einem Bild versteckt. Erst nach Stunden gelang es ihm, das aufgeschreckte Tier wieder nach draußen zu befördern. Wahrscheinlich wird er sich sein Leben lang an jedes Detail dieses kleinen Vorfalls erinnern. Für den Freund vielleicht traumatisch, aber ein bisschen neidisch war ich trotzdem.

Endlich wird es dunkel in Bad Segeberg. Vom Fledermauszentrum gehen wir ein paar Stufen hinunter, dorthin, wo sich der Höhleneingang befindet. Früher flatterten die Tiere einfach aus einem Loch im Boden heraus. Inzwischen ist es mit einem Holzverschlag ummantelt. In etwa drei Meter Höhe gibt es einen breiten Schlitz, durch den Tiere ein- und ausfliegen können. Der Verschlag dient dem Schutz der Fledermäuse. »Nicht nur die Menschen, auch die Katzen der Region haben die Höhle für sich entdeckt«, erklärt unser Führer. »Die saßen oft neben dem Loch im Boden und haben sich die Fledermäuse aus der Luft geangelt.« Er schaut auf seine Uhr. Es ist kurz nach neun. Wir gehen ein paar Schritte zurück und postieren uns auf einem Treppenabsatz in der Hauptausflugsschneise. Wie auf Kommando starten die Fledermäuse durch. Sie kommen aus dem Schlitz geflogen, drehen ein paar Runden über dem offenen Platz vor dem Höhleneingang und kommen direkt auf die Treppe zu. Es ist schon ziemlich dunkel, aber man kann noch erahnen, dass die Tiere ein graubraunes Fell haben und mittelgroß sind. Ich stehe mit den anderen auf dem Treppenabsatz, und die Tiere fliegen zwischen uns hindurch. Zum Teil nur wenige Zentimeter von unseren Köpfen entfernt. Man erahnt sie mehr, als dass man sie sieht – lautlose Schatten, flüchtige Existenzen. Nicht schlecht für den Anfang.

Erst jetzt fällt mir auf, was für ein seltsamer Ort das hier ist. Links vor uns der breite Schlitz, aus dem die Fledermäuse geflattert kommen. Geradeaus die Rückseite der Festspielbühne. Durch einen Spalt im Bretterzaun sehen wir einen Indianer mit Pferd, der auf seinen Auftritt zu warten scheint. Man hört das Publikum raunen, klatschen und johlen. Es gibt Gewehrsalven, heftige Detonationen und zwischendurch immer wieder die schnulzigen Geigen des Winnetou-Themas.

Nachdem eine ganze Reihe von Tieren zum nächtlichen Jagdausflug aufgebrochen ist, gehen wir zurück in den Innenhof von »Noctalis«. Dort sind eine Leinwand und ein Filmprojektor aufge-

baut, der Infrarotbilder aus der Höhle überträgt. Jetzt sieht man, wie Dutzende Fledermäuse in dem unterirdischen Felsendom herumflattern, bis es sich vor dem Ausflugloch staut. Die Bilder haben etwas Unwirkliches. Sie könnten aus einem Stummfilmklassiker stammen oder aus einer dadaistischen Inszenierung.

Während Florian Gloza-Rausch vom merkwürdigen Leben der Höhlenbewohner erzählt, legen Dutzende der Fledermäuse auf ihrem Weg zu den Jagdgründen noch einen Zwischenstopp bei der Filmvorführung ein. Die kleinen Körper werden vom Projektor für Sekundenbruchteile angeleuchtet, und wer auf einer der oberen Stufen sitzt, spürt sogar den Luftzug, wenn sie vorbeifliegen. Das ist das Besondere an den Segeberger Fledermäusen: Es sind viele. Und anders als an anderen Orten bekommt man sie hier nicht nur aus der Froschperspektive zu sehen, sondern von Angesicht zu Angesicht. Der Experte erklärt uns, warum gerade im Spätsommer so viele Fledermäuse in Segeberg zu erleben sind. Die Jungfledermäuse schauen sich nach einem passenden Winterquartier um. Das Schwärmen ist auch eine Art Kontaktbörse, bei der sich beide Geschlechter schon mal beschnuppern können.

Je länger Gloza-Rausch von seinen Lieblingstieren erzählt, desto klarer wird, was für ein schwieriges Forschungsfeld sich der Fledermausexperte ausgesucht hat. Das fängt schon bei den Bestandszahlen an: »Wir haben an den Einfluglöchern Lichtschranken installiert«, sagt er. Klingt einfach, ist aber deutlich komplizierter, wenn man halbwegs genaue Ergebnisse haben will. Denn die Fledermäuse fliegen nicht geordnet in Reih und Glied in eine Richtung. Sie flattern umher, fliegen rein, wieder raus und dann wieder rein. Mit Hilfe verschiedener Algorithmen muss dieses Durcheinander geordnet werden. »Eine ganz exakte Zahl der Fledermäuse in der Höhle zu nennen ist unmöglich. Aber die Größenordnung von 22 000 im Winter stimmt.«

Noch schwieriger, als die Gesamtzahl der Fledermäuse zu ermitteln, ist es, die Zusammensetzung der einzelnen Arten herauszubekommen. In einem aufwendigen Prozess wurden dafür Infrarotkameras an den Höhleneingängen aufgebaut, die Fotos schossen, wenn Fledermäuse durch die Lichtschranke flogen. Tausende von Fotos wurden ausgewertet und dann sortiert. »Bei dieser Zählung kam heraus, dass auch im Winter die Wasserfledermaus die häufigste Art ist«, sagt Gloza-Rausch. Ihr Bestand liegt bei 8000 bis 10 000 Tieren. Außerdem kommen noch das Braune Langohr, Fransenfledermäuse, Bechsteinfledermäuse, Bartfledermäuse und Teichfledermäuse in der Höhle vor.

Es ist spät geworden. Winnetou I geht mit Happy End und großem Feuerwerk zu Ende. In der Fledermaushöhle ist nicht mehr so viel los. Fast alle Tiere sind inzwischen ausgeflogen. Erst weit nach Mitternacht werden die ersten Fledermäuse zurückkommen und vor der Höhle schwärmen. So lange will ich nicht warten. Dafür werde ich am Morgen mit der Familie zurückkommen und einen Blick in die Höhle werfen.

Am nächsten Tag sind die Großparkplätze noch leer. Winnetou darf erst am Nachmittag wieder auf die Bühne. Dafür ist im Fledermauszentrum jetzt richtig Betrieb. Die Hauptattraktion, ja der eigentliche Grund, warum »Noctalis« ausgerechnet am Kalkberg eröffnet wurde, ist die Höhle, in die man auf geführten Touren hinabsteigen kann. 20 bis 30 Besucher sind bei dem Rundgang dabei.

Höhlen ziehen einfach immer. Geheimnisvolle, versteckte Welten, in denen man sich wie ein Entdecker fühlen und auch ein bisschen gruseln kann. In Segeberg kommen die Fledermäuse als zusätzlicher Kick dazu. Doch das Einbeziehen der Öffentlichkeit ist Kompromiss und Gratwanderung zugleich. Natürlich wäre es auch spektakulär, im Winter Tausende Fledermäuse in der Höhle zu sehen. Selbst wenn sie nur kopfüber von der Decke hingen und schliefen. Die Tiere hätten vermutlich deutlich weniger Interesse daran, ihren Schlafplatz mit Horden neugieriger Menschen zu teilen. Wahrscheinlich würden sie sich auf die Suche nach einem neuen Winterquartier machen. Von Oktober bis einschließlich März ist die Höhle deshalb für Besucher tabu. Von Mitte Juni bis Mitte August ist sie weitgehend fledermausfrei. Nur in den Zeiten dazwischen sind regelmäßige Begegnungen garantiert. Gerade unmittelbar nach und kurz vor dem Winterschlaf – also Anfang April und von Ende August bis Ende September – stehen die Chancen gut, während eines Rundgangs mindestens auf ein bis zwei Dutzend Fledermäuse zu stoßen. Im Dunkel der Höhle flattern manche bis in die Mittagsstunden herum, bevor sie sich zur wohlverdienten Tagesruhe begeben und in einen unzugänglichen Teil des Kalkbergs verkrümeln.

Felix kann kaum erwarten, dass es losgeht. Als der Führer endlich die Eingangstür zur Höhle aufschließt, schlägt uns kalte, feuchte Luft entgegen. Über eine steile Treppe geht es in die Tiefe. Die Höhle ist spärlich, aber ausreichend beleuchtet, so dass die Fledermäuse nicht geblendet werden. Es ist ein Labyrinth aus schmalen und breiteren Gängen, das sich immer wieder zu größeren Räumen weitet. Es gibt Buchten, Nischen und Spalte. Niedrige Decken, schummriges Licht – und Fledermäuse. Schon am Fuß der Treppe fliegen zwei oder drei lautlos mitten durch unsere Gruppe. Nichts für Klaustrophobiker! Dazu die Angst, dass sich die kleinen Säugetiere in den Haaren verfangen. Dabei ist das natürlich Quatsch: Die Legende mit den Haaren hat man früher jungen Frauen weisgemacht, damit die sich in der Dämmerung nicht draußen herumtreiben, erzählt der Führer. Zudem drehen die Fledermäuse so gelassen ihre Runden in der Höhle, dass es fast schon beruhigend ist, ihnen dabei zuzusehen.

Auch Felix wird gleich auf sie aufmerksam: »Daaaaa«, ruft er begeistert und zeichnet mit dem Finger die Flugbahn nach, »eine Fledermaus!« Und dann noch eine. Und noch eine. Für ein paar Minuten hält die Entdeckerlust vor, dann ist es mit der Begeisterung vorbei, er will nach draußen, und zwar so schnell wie möglich. Nicht etwa wegen der Fledermäuse; es ist die kalte, feuchte, dunkle Höhle, die ihm nicht geheuer ist. Und das geht offenbar nicht nur ihm so. Deshalb ist bei jeder Gruppe ein zweiter Führer dabei, der aufpasst, dass niemand verloren geht, und die Beklommenen bei Bedarf wieder nach oben führt. Während Felix zusammen mit seiner Oma nach draußen geleitet wird, erkunden wir weiter die Höhle. Elisabeth ergeht sich unter dem Eindruck der vielen Höhlenanekdoten in Indiana-Jones-Fantasien und will am liebsten in die dunkelsten Bereiche der Höhle vordringen. Ich konzentriere mich auf die Fledermäuse.

Erst hier unten im Kalkberg wird mir so richtig bewusst, was für merkwürdige Wesen sie tatsächlich sind. Fledermäuse sind die einzigen Säugetiere,

die fliegen können, okay. Aber mit den Vögeln gibt es noch etwa 10 000 andere Wirbeltierarten, die dazu in der Lage sind. Auch das Fliegen in der Nacht ist nicht einzigartig. Beispielsweise sind auch Eulen mit ihren riesigen Augen in der Dunkelheit gut unterwegs.

Nur unter der Erde, da wird gemeinhin nicht geflogen. Selbst Eulen würden sich in dieser absoluten Dunkelheit nicht zurechtfinden. Nur während der Besuchszeiten werden im Kalkberg Lampen angeschaltet. »Und dann kommt es schon mal vor, dass ein paar Tiere gegen das Licht protestieren«, sagt der Führer beim Rundgang durch das Höhlenlabyrinth.

Sie brauchen das Licht ganz einfach nicht. Das hat bereits im 18. Jahrhundert der wenig zimperliche italienische Gelehrte Lazzaro Spallanzani herausgefunden: Er ließ Eulen und Fledermäuse in abgedunkelten Räumen fliegen. Und ging am Ende so weit, den Tieren die Augen auszustechen, um zu sehen, ob sie sich weiterhin zurechtfinden können. Die Eulen krachten hilflos gegen die Wände. Die Fledermäuse dagegen bestanden die grausame Prüfung.

Nach einer guten halben Stunde mit Erzählungen über die Frühzeit des Höhlentourismus, seltsame Käfer und esoterische Höhlensoirees an künstlich angelegten Teichen geht es über eine Wendeltreppe zurück ans Tageslicht. Felix steht zusammen mit seiner Oma vor einem kleinen Kiosk in der Sonne. Als er uns sieht, steuert er zielstrebig das »Noctalis«-Haus an: Er will uns etwas zeigen. Im ersten Stock der Ausstellung herrscht wieder Finsternis. Aber Felix ist vorbereitet und hat sich an der Kasse eine Taschenlampe ausgeliehen. Mit ihr leuchtet er in die verschiedenen Terrarien, zeigt uns nachtaktive Schlangen, Pfeilgiftfrösche und anderes Getier.

Den meisten Platz nimmt eine große Voliere ein, die auf zwei Seiten verglast ist. Im Innern flattern Dutzende Fledermäuse umher. Es sind keine einheimischen, sondern südamerikanische Brillenblattnasen – der Einfachheit halber. Denn diese Tiere leben in den Tropen und sind an gleichbleibende Temperaturen gewöhnt. Außerdem sind sie Vegetarier. Statt also Tausende Käfer, Mücken und Fliegen in der Voliere aussetzen zu müssen, reicht es aus, ein paar Bananen und andere Obststücke aufzuhängen. Mit der schwach leuchtenden Taschenlampe lässt sich gut beobachten, wie ein Tier angeflattert kommt, sich kopfüber an die Frucht hängt, ein Stück herausbeißt und dann schnell weiterfliegt. Man sieht auch, was man draußen und in der Höhle nicht gesehen hat: wie sich die Fledermäuse kopfüber an einen Ast oder die Decke hängen, sich in ihre Flügel einhüllen und darin wie in einem wärmenden Umhang ausruhen. Und schließlich ist da noch Foxi, der Flughund – mindestens zehn Mal größer und schwerer als die Brillenblattnasen –, der hier wie Gulliver unter den Liliputanern wirkt.

Obwohl es im Noctarium viel dunkler ist als in der ausgeleuchteten Höhle, ist Felix kaum von den Nachttieren wegzukriegen. Er hat eine eigene Taschenlampe. Das gibt ein bisschen Sicherheit. Vor allem aber macht es Spaß, die Tiere mit der kleinen Funzel wie mit einem Suchscheinwerfer anzuleuchten. Dass es dann auch noch schön trocken und warm ist und alle Tiere hinter Glas sind, macht den Raum für Felix endgültig zur besten aller möglichen Höhlen.

WISSENSWERTES

WER

Die Wasserfledermaus (Myotis daubentoni) zählt mit einer Flügelspannweite von 24 bis 27,5 Zentimetern und einem Gewicht von 7 bis 15 Gramm zu den mittelgroßen heimischen Fledermäusen. Sie hat auffallend große Füße und ein kaum behaartes rotbraunes Gesicht. Da sie wie alle Fledermäuse ein ziemlich flatterhaftes Wesen und dazu nur in Dämmerung und Dunkelheit aktiv ist, braucht man ein wenig Geduld, um ihre Besonderheiten auch zu erkennen.

WO

Die Wasserfledermaus bevorzugt die gemäßigten Breiten und kommt in weiten Regionen der Nordhalbkugel von Irland bis Japan vor. Auch in Deutschland ist die Art recht häufig. Am besten lässt sie sich in Bad Segeberg beobachten. Die dortige Kalkberghöhle ist Überwinterungsquartier für rund 22 000 Fledermäuse, die meisten davon Wasserfledermäuse. In den letzten Augustnächten sammeln sich bis zu 1500 von ihnen zum Schwärmen in und vor der Höhle.

BESONDERES

Es ist schon ein Kunststück an sich, dass Fledermäuse, die den gleichen Skelettbauplan haben wie Menschen, Schafe und Elefanten, fliegen können. Unter anderem brauchen sie dazu Flughäute, die zwischen den stark verlängerten Fingern gespannt sind, und das Herz eines Hochleistungssportlers. Im Vergleich zu anderen Säugetieren gleicher Gewichtsklasse ist das Fledermausherz dreimal so groß. Ihre verblüffendste Fähigkeit ist, sich in völliger Finsternis zurechtzufinden. Fledermäuse verfügen über ein vorzügliches Echoortungssystem: Sie stoßen für den Menschen nicht hörbare Laute im Ultraschallbereich aus. Diese Schallwellen werden von Bäumen, Häusern, Insekten und anderen Objekten reflektiert. Aus diesem Schallecho können die Fledermäuse dann die erforderlichen Rückschlüsse darüber ziehen, wo sich was im Raum befindet. Sie »sehen« mit den Ohren.

ALTER

In Einzelfällen können Fledermäuse bis zu 30 Jahre alt werden. Die durchschnittliche Lebenserwartung liegt bei fünf bis sieben Jahren.

SEX & SOZIALES

Balz und Paarung erfolgen ab Mitte September in den Winterquartieren. Oft bleiben paarungswillige Männchen danach noch ein bisschen länger wach und suchen sich Weibchen, die bereits im Winterschlafmodus sind. Die Auserwählte wird mit den Flügeln umklammert und durch Bisse in den Nacken aufgeweckt. Ohne längeres Vorspiel geht es dann gleich zur Sache. Weil die Weibchen vom Schlaf noch ganz benommen sind, sparen sich die Wachbleiber eine aufwendige Balz. Da sich die meisten Weibchen aber bereits im Wachzustand gepaart haben, hält sich der Fortpflanzungserfolg dieses Überrumpelungssex in Grenzen. Die Schwangerschaft setzt erst nach Beendigung des Winterschlafes ein. Weil die Fledermäuse dann wieder auf die Jagd gehen können, ist die Chance größer, dass sie den kräftezehrenden Zustand überstehen und die Jungen in die nahrungsreichste Jahreszeit hineingeboren werden. Die Weibchen schließen sich zusammen und leben in dieser Zeit in sogenannten Wochenstuben, wo die Jungen Anfang Juni geboren und gemeinsam aufgezogen werden. Ab Ende August sind die Jungen dann auf sich allein gestellt und schwärmen aus auf der Suche nach geeigneten Winterquartieren.

KULINARISCHES

Die bei uns vorkommenden Fledermausarten ernähren sich hauptsächlich von Insekten, die zum Teil im Flug gefangen werden. Die Wasserfledermaus jagt am liebsten über Gewässern, wo sie es vor allem auf Zuckmücken abgesehen hat. Mit ihren großen Füßen fischt sie auch abgestürzte Insekten und sogar kleine Fische aus dem Wasser. Zum menschlichen Nahrungsspektrum haben Fledermäuse in unseren Breiten, außer vielleicht bei Ozzy Osbourne, nie gehört. Wo deutlich größere Arten vorkommen, landen sie auch schon mal im Kochtopf. Auf den Seychellen zum Beispiel ist Fledermaus-Curry eine Delikatesse.

AUSSICHTEN

Man weiß noch zu wenig über Fledermäuse, als dass man auch nur halbwegs genaue Bestandsentwicklungen nachzeichnen könnte. Viele Arten sind von akutem Wohnraummangel bedroht. Früher dienten Dachböden und Mauerspalten in Häusern als Sommerquartier. Um auf eine bessere Energiebilanz zu kommen, werden aber immer mehr Gebäude saniert, Öffnungen verschlossen und die Fledermäuse dadurch obdachlos.

AUF SAFARI

DIE BESTE ZEIT

Die Kalkberghöhle kann von Anfang April bis Ende September besichtigt werden. Die meisten Fledermäuse sieht man bis Mitte April, wenn nach dem Winterschlaf noch nicht alle Tiere die Höhle verlassen haben, oder ab Mitte September, wenn sich die ersten Tiere schon zur Winterruhe begeben haben. Zur Schwärmzeit Ende August sind außerhalb der Höhle besonders viele Fledermäuse unterwegs. Bei den Höhlenführungen empfiehlt es sich, schon am Vormittag zu kommen. Dann sind die Chancen am größten, dass noch viele Fledermäuse wach sind.

DAS BASISLAGER

Ausgangspunkt jeder Safari ist das Fledermaus-Zentrum »Noctalis« (Oberbergstraße 27, 23795 Bad Segeberg, Tel.: 04551/80820, www.noctalis.de). Die Ausstellung mit den Blattnasenfledermäusen und den vielen anderen nachtaktiven Tieren steht das ganze Jahr über für Entdeckungen offen. Die Kalkberghöhle bleibt jeweils vom 1. Oktober bis zum 31. März geschlossen.

VERSORGUNGSLAGE BESTENS

In Bad Segeberg gibt es eine Reihe von Hotels und Restaurants im direkten Umfeld des Kalkbergs. Auch Einkaufsmöglichkeiten sind vorhanden.

ANDERE TIERE

Die große Höhle beherbergt ein Tier, das nicht gerade spektakulär aussieht, nur fünf Millimeter groß ist und trotzdem einzigartig: den Segeberger Höhlenkäfer. Er ist die Unterart eines Käfers, der sich gerne in den Bauen von Säugetieren aufhält und heute noch in den kühleren Gebieten Skandinaviens vorkommt. Als es nach Ende der letzten Eiszeit plötzlich zu warm für die kälteliebenden Krabbeltiere wurde, haben sich einige Exemplare in die immer kühle Kalkberghöhle gerettet. Dort entwickelt sich der Käfer zum Spezialisten und zu einer eigenen Unterart: Seine Beine und Fühler sind deutlich länger als bei nah verwandten Käfern außerhalb von Höhlen, die Augen deutlich kleiner. Seine Diät hat der Käfer ganz auf den neuen Lebensraum ausgerichtet. Er frisst vor allem tote Fledermäuse und Fledermauskot. Der Gesamtbestand der Käfer wird auf 5000 bis 10 000 Tiere geschätzt. Während man frei in der Höhle umherlaufende Käfer eher selten sieht, kann man die Tiere an einer verendeten Fledermaus oder einem als Köder ausgelegten Stück Käse manchmal in größerer Anzahl beobachten.

ZUR VORBEREITUNG

www.karl-may-spiele.de
www.naturpark-holsteinische-schweiz.de
www.wildpark-eekholt.de
www.bad-segeberg.de
www.erlebniswald-trappenkamp.de

HIN & HER

Mit dem Auto: von der A 21 kommend die Abfahrt »Bad Segeberg-Nord«, dann weiter auf der B 206 in Richtung Bad Segeberg. Ab Höhe des Bahnhofs Bad Segeberg den Hinweisschildern Richtung »Noctalis« und Karl-May-Spiele folgen. Für Navigationsgeräte bietet sich als Adresse »Am Kalkberg« an, dort befindet sich auch eine begrenzte Anzahl von öffentlichen Parkplätzen.
Mit der Bahn: Vom Bahnhof Bad Segeberg ist der Weg (10 bis 15 Minuten) zu »Noctalis« und den Karl-May-Spielen ausgeschildert.

RÜHSTÄDT

S. 58–71

4

KLAPPERN GEHÖRT ZUM HANDWERK

WEISSSTÖRCHE IM EUROPÄISCHEN STORCHENDORF RÜHSTÄDT

In Rühstädt hat es schon immer Störche gegeben. Seit Menschengedenken ließen sie sich im Frühjahr auf Dächern, Schornsteinen oder Masten in dem kleinen Elbdorf nieder. Sie waren gern gesehene Frühlingsboten und Glücksbringer. Etwas Besonderes waren sie nicht. Denn alle Dörfer in der Umgebung hatten ihre Störche.

Aber dann kam das Jahr 1974. Im Frühjahr kamen plötzlich deutlich mehr Störche aus dem Winterquartier zurück als sonst. Bis dahin hatte es immer ausreichend Nistmöglichkeiten gegeben. Doch nun entbrannten heftige Kämpfe um die Horste. Eier gingen zu Bruch, Jungvögel wurden aus den Nestern auf den Boden geschleudert. Die Dorfbewohner wussten zunächst nicht, was es mit dem Aufruhr auf sich hatte – aber sie handelten schnell. Noch im gleichen Jahr wurden zusätzliche Nisthilfen auf die Dächer gebracht und von den Störchen dankend angenommen.

In den folgenden Jahren kam pro Frühling mindestens ein neues Storchenpaar dazu. Aber die heftigen Kämpfe blieben aus, weil die Rühstädter immer für ausreichend Nistplätze sorgten. Bis Anfang der 80er Jahre verdoppelte sich so der Bestand auf mehr als 20 Paare. Und während anderswo immer weniger Schnäbel klappern, schwingen sich die Störche im Elbedorf zu immer neuen Höhenflügen auf: 34 Paare im Jahr 1993, 44 Paare im Rekordjahr 1996. Heute hat sich der Bestand bei mehr als 30 Paaren eingependelt – absoluter Rekord in Deutschland. Rühstädt und seine Umgebung scheinen für Störche so etwas wie eine rettende Insel im stürmischen Meer zu sein, ein Ort, an dem sie Asyl gefunden haben.

Was auch immer es ist, was die Störche anzieht,

DAMIT DIE STÖRCHE IN RÜHSTÄDT BLEIBEN

Die Bedingungen für Störche sind in Rühstädt besonders günstig: Im Ort gibt es genügend Nistmöglichkeiten und im kleinen Radius ringsum viele abwechslungsreiche Futterquellen. Trotzdem ist der Storchenreichtum kein Selbstläufer. Nach dem Rekordjahr 1996 ging es kontinuierlich wieder abwärts, bis 2008 erstmals die Zahl von 30 Brutpaaren unterschritten wurde. Die Rühstädter beschlossen zu handeln. Wie im Schlaraffenland geht es dabei vor allem um einen reich gedeckten Tisch, an dem man sich – bitte schön – jederzeit kinderleicht bedienen kann. Für die Störche bedeutet das vor allem möglichst feuchtes Grünland. Darauf fühlen sich vor allem Amphibien wohl, und die Regenwürmer kommen bis kurz unter die Erdoberfläche. In Rühstädt ist man den Vorlieben der Störche in den letzten Jahren unter anderem durch die Neuanlage von mehr als 15 Teichen und ein verändertes Wassermanagement mit längeren Überflutungsphasen entgegengekommen.

Mindestens genauso wichtig für die Störche ist die gute Erreichbarkeit der Nahrung. Für Störche ist es jedes Mal ein rauschendes Fest, wenn irgendwo eine Fläche gemäht oder umgepflügt wird. Allerdings wird die Party nicht umso toller, je größer die freigelegte Fläche ist. Werden Dutzende Hektar auf einmal gemäht, kommen die Störche mit dem Fressen gar nicht schnell genug hinterher, und all die Würmer, Käfer und Mäuse haben genügend Zeit, zurück in den Boden zu kriechen oder sich ein anderes Versteck zu suchen. Viel besser – zumindest für die Störche – ist eine möglichst kleinteilige Mahd: alle paar Tage eine kleine Fläche. Für die Störche bedeutet das ein leicht gefundenes Fressen, und zwar in schönster Regelmäßigkeit. Obwohl eine Biogasanlage für Maissilage effizienter wäre, hat die Agrargenossenschaft vor Ort eine Biogasanlage in Betrieb genommen, die mit Gras befeuert wird. Die Landwirte haben die Entscheidung ganz bewusst für die Störche getroffen. Die Anlage muss regelmäßig mit kleinen Portionen gefüttert werden. Das heißt, dass regelmäßig irgendwo rund um Rühstädt kleine Grünlandflächen gemäht werden, auf denen sich die Störche dann die Bäuche vollschlagen können. Bei Bedarf – zum Beispiel einer akuten Hungersnot der Storchenpopulation – pflügen die Landwirte für die Störche auch schon mal einen Acker um, obwohl das wirtschaftlich keinen Sinn hat.

Der Einsatz der Rühstädter zahlt sich aus. Mittlerweile liegt die Zahl der Brutpaare im Dorf wieder konstant über 30. Tendenz leicht steigend. Die gewonnenen Erkenntnisse sollen übrigens kein Geheimwissen, sondern Allgemeinwissen sein. Jedenfalls besteht zwischen Rühstädt und anderen sehr storchenreichen Gemeinden in der Region, wie Werben und Wahrenberg, ein reger Austausch über das beste Storchenmanagement.

die Vögel haben jedenfalls einen ziemlich guten Geschmack, denke ich, als wir langsam in Rühstädt einrollen. Nennenswerten Verkehr gibt es nicht, wir können uns ganz in Ruhe umschauen. Die Landschaft sieht ein bisschen wie Bullerbü aus. Saftige grüne Wiesen mit vielen eingestreuten Blumentupfern und kleinteilige Felder. Man würde sich nicht wundern, wenn Pferdefuhrwerke zur Heuernte ausrückten. Auch das Dorf wirkt schon auf den ersten Blick idyllisch. Aber erst mal gehen wir weiter zum Besucherzentrum, wo wir mit meinen Eltern verabredet sind. Dorfidylle, Tiere, ein paar Restaurants – Elisabeth und mir schien das der perfekte Ort für einen Mehrgenerationenausflug zu sein. Doch vor allem hatten uns natürlich die Störche hergelockt.

Erst entdeckt Felix die Großeltern, dann die Störche, er kann sich gar nicht entscheiden, wo er hingucken soll. Auf dem Dach des Besucherzentrums warten drei große Jungvögel ungeduldig darauf, dass Mama oder Papa mit vollem Schnabel zurückkommen. In der Ausstellung dann noch mal die gleiche Familie aus nächster Nähe. Eine Kamera überträgt live aus dem Nest. Wer will, kann also dabei zusehen, wie alle paar Minuten die Eltern angesegelt kommen, Nahrung hervorwürgen, auf die sich die Kinder stürzen, als gäbe es kein Morgen, und wieder davonfliegen.

Der Appetit der Jungen ist beinahe grenzenlos. Bis zu 1,6 Kilogramm Futter schlingen sie im Alter von drei bis vier Wochen am Tag in sich hinein. Zur Veranschaulichung hängt eine Grafik an der Wand: Eine sechsköpfige Storchenfamilie verputzt pro Tag mehr als 130 Mäuse, 30 Frösche, rund 600 Regenwürmer, Hunderte Spinnen, Käfer, Heuschrecken, Schnaken und Engerlinge.

Wir schauen uns noch einen Moment in der Ausstellung um, dann gehen wir zum Treffpunkt für einen Spaziergang durch den Ort. Der NABU und die Naturwacht bieten regelmäßig Storchenführungen durch Rühstädt an. Jürgen Herper arbeitet schon viele Jahre für die Naturwacht. Er ist seit 1993 Bürgermeister der Gemeinde und begleitet als Führer die Storchentouren. Die Entwicklung im Dorf ist ihm deshalb mindestens so wichtig wie die Entwicklung der Storchenpopulation. In Rühstädt hängt beides ohnehin untrennbar miteinander zusammen.

Herper führt von Nest zu Nest und Hof zu Hof durch die Straßen. Alte Backsteinhäuser, üppige Bauerngärten, fast alle schön herausgeputzt. Die Regel ist das nicht in der tiefen Provinz, schon gar nicht im strukturschwachen Osten. Links und rechts sehen wir gleich mehrere Cafés – auch keine Selbstverständlichkeit für eine ländliche Gemeinde mit gerade mal 250 Einwohnern. Herper verweist stolz darauf, dass es in Rühstädt noch rund 130 Arbeitsplätze gibt, eine Post, einen Mini-Markt, eine Kita und rund 200 Übernachtungsbetten. Die vielen Störche scheinen dem Dorf tatsächlich etwas Glück und sogar bescheidenen Wohlstand gebracht zu haben.

Überhaupt – die Störche. Egal wo man hinschaut, überall ist Bewegung, überall stehen, sitzen, fliegen oder klappern sie. Selbst für Menschen, die regelmäßig im Storchenland unterwegs sind, ist das etwas Besonderes. In anderen Dörfern sind Häuser ohne Storchennest normal, in Rühstädt eher die Ausnahme. Auf engem Raum kann man im Sommer mehr als 150 Störche beobachten.

Auf dem Rundgang erfahren wir, warum sich die Störche in Rühstädt so außergewöhnlich wohlfühlen: »Die Leute im Ort kümmern sich eben, und das schon seit mehr als 40 Jahren«, sagt Herper. Seit 1986 organisiert der »Storchenclub« die Hilfsmaßnahmen, zum Beispiel die Nestpflege. Störche haben die Angewohnheit, jedes Jahr ein paar neue Zweige ins Nest einzuflechten, selbst wenn die Konstruktion eigentlich schon perfekt ist. Frisch verliebte Paare wollen es sich in ihren Sommerquartieren so bequem und kuschelig wie möglich einrichten. Die Folge sind Nester gewaltigen Ausmaßes, die bis zu zwei Tonnen schwer werden und wegen des Gewichts leicht vom Dach oder Schornstein rutschen können. »Die Horste im Dorf werden jedes Jahr kontrolliert und, wenn nötig, abgestützt«, sagt Herper.

Das ist aber nicht das Einzige, was der Club für seine Sommergäste tut. Eine der größten Gefahren für die Jungen ist schlechtes Wetter. Wenn es im Mai nasskalt und windig ist, besteht akute Gefahr, dass sie zu sehr auskühlen und sterben. Das Wetter können die Bürger nicht ändern, aber sie können dafür sorgen, dass die Storchenwohnungen auch bei Schauerwetter möglichst warm und trocken bleiben. »Ist der Nestrand zu hoch, verwandelt sich der Horst in ein Schwimmbad«, sagt Jürgen Herper. Seit einigen Jahren sind die ehrenamtlichen Helfer vom »Storchenclub« deshalb damit beschäftigt, überschüssiges Nistmaterial wegzunehmen und für einen richtigen Abfluss im Nest zu sorgen. Die Maßnahme hat sich bezahlt gemacht. In extrem nassen Jahren liegen die Verluste bei den Rühstädter Jungstörchen deutlich unter denen anderer Dörfer.

Man hat den Eindruck, dass mindestens auf jedem zweiten Haus eine Vogelfamilie wohnt, auf manchem auch zwei oder drei. Als wir gerade vor einer Scheune mit einem besonders großen Horst stehen, kommt ein Storch angesegelt, landet auf dem Rand des Nestes, wirft den Kopf so weit zurück, dass sich die Brustfedern sträuben, und fängt an, laut mit dem Schnabel zu klappern. Der andere Storch im Nest stimmt mit ein.

Minutenlang klappern beide im Duett. Weil Störche von Natur aus nicht besonders gut bei Stimme sind, haben sie sich eben aufs Schnäbelklappern als Kommunikationsmittel verständigt. Wenn ein Elterntier zum Nest zurückkommt, wird zur Begrüßung geklappert. Geklappert wird auch im Frühling, wenn Konkurrenten vertrieben werden sollen, die einem das Nest streitig machen wollen. Für den Menschen klingt ein Klappern wie das andere, aber die Störche werden den Unterschied schon kennen.

Beim Weitergehen erzählt Herper, dass jedes Storchenpaar seine ganz bestimmten Vorlieben und Eigenarten hat: Die Störche auf dem Besucherzentrum zum Beispiel nutzen gerne zwei Nester. Wenn der Nachwuchs zu rabiat nach Futter verlangt und die Eltern kurz Ruhe brauchen, wechseln sie zum Verschnaufen ins Nachbarnest. In einem anderen Nest, dessen aktuelle Bewohner sich oft mit den Störchen vom Besucherzentrum zanken, gab es in einem Jahr mal einen Nachzügler, der erst Ende Juni aus dem Ei schlüpfte. Normalerweise hat so ein Junges keine Chance mehr, rechtzeitig stark genug für den Zug in den Süden zu werden. Aber ein Elternteil blieb einfach im Dorf und päppelte den Kleinen auf, bis er endlich stark genug für die Reise in den Süden war. Als alle anderen Störche längst abgeflogen waren, lotste es das Kind Mitte September selbst ins Winterquartier.

Felix sieht, wie die großen Vögel nur ein paar Meter über unseren Köpfen durch die Straßen segeln, er hört, wie die Eltern sich klappernd in den Nestern begrüßen. Und er kann ein paar Storchenfedern sammeln, die auf den Bürgersteig getrudelt sind. Auch die Großeltern sind glücklich. Sie erfreuen sich an der Backsteinromantik im Dorf und darüber, dass alle ihre Fragen geduldig beantwortet werden.

Alle zufrieden also, und dabei hatten wir unsere Herberge noch gar nicht gesehen. Sie liegt ein paar hundert Meter weiter im winzigen Ortsteil Bälow, ganz idyllisch an einem kleinen Feldweg, abseits der ohnehin kaum befahrenen Hauptstraße. Es ist ein alter Bauernhof, mit Scheunen, Schuppen und viel Nebengelass, der auch ohne die Störche ringsum die Reise wert gewesen wäre. Hier gibt es Hunde und Katzen und einen großen Garten, hinter dem die Elbe fließt. Schnell hat Felix seinen Lieblingsort gefunden, den ehemaligen Stall, der nun als Aufbewahrungsplatz für alles Mögliche dient und Nistplatz mehrerer Schwalbenpaare ist. Fasziniert schaut er zu, wie die kleinen Vögel durch die offene Tür reinflitzen, ihre Lehmnester ansteuern, den hungrigen Jungen ein paar Insekten in den Schlund stopfen und wieder davonzwitschern, um Nachschub zu holen. Er ist kaum wegzubewegen.

Zum Glück können wir ihm ein verlockendes Angebot machen: Hinter dem Hof führt ein schmaler Pfad direkt durch die Landschaft zwischen Deich und Elbe entlang. Hier gibt es wirklich blühende Landschaften. Vor dem Deich herrscht Düngeverbot. Zwischen den Gräsern kann sich deshalb eine Vielzahl an Wiesenblumen halten, die anderswo keine Chance hätten. Überall summt und brummt es. Grashüpfer bringen sich vor uns in Sicherheit, Käfer krabbeln über den Weg, Bienen und Hummeln zwängen sich in Blütenkelche. Auch das trägt zur Attraktivität Rühstädts bei. Kleintiere machen auch Mist. Sie sind wichtiger Bestandteil der Storchennahrung, aber aus üppig gedüngten Monokulturen so gut wie verschwunden.

Wir beschließen den Tag mit einem Abendessen im Gasthaus von Bälow. Die Gaststube ist gut besucht, die Küche rustikal und regional. Der Wirt schweigt beharrlich, das aber auf eine sehr freundliche Art. Wir beschließen wiederzukommen.

Bevor wir am nächsten Nachmittag die Prignitzidylle verlassen wollen, schlendern wir noch einmal durch Rühstädt. Im ehemaligen Speicher und Pferdestall des Gutshofes wurde vor einigen Jahren ein besonderer Aussichtspunkt eingerichtet. Im zweiten Stock gibt es einen großen Balkon. Dort befindet man sich ziemlich genau auf der Höhe der Scheunendächer und hat eine hervorragende Sicht. Es ist mit ziemlicher Sicherheit der storchenreichste Ausblick in ganz Deutschland. Mühelos kann man gleich vier Nester auf einmal fotografieren. Mindestens zehn sind es insgesamt, die man von hier überblickt. Junge und alte, hungrige, fütternde, fliegende, flatternde und klappernde Störche sieht man von hier aus. Dieser Balkon ist perfekt, um die Essenz des Ortes einzusaugen und ein Stück davon mit nach Hause zu nehmen.

WISSENSWERTES

WER

Der Weißstorch (Ciconia ciconia) ist so fest in unserem kulturellen Gedächtnis verankert, dass selbst Menschen, die ihn noch nie gesehen haben, wissen, wie er aussieht und dass er die Babys bringt. Aber der Vollständigkeit halber: Der Storch wird bis zu einem Meter groß und hat eine Flügelspannweite von zwei Metern. Er hat einen roten Schnabel, rote Beine und ein bis auf ein paar schwarze Schwungfedern weißes Gefieder.

WO

Nach starken Rückgängen Anfang des 20. Jahrhunderts kommen Weißstörche als Brutvögel wieder fast in ganz Europa sowie in Nordafrika und im Nahen Osten vor. Deutlicher Verbreitungsschwerpunkt im Osten ist Polen mit mehr als 50 000 Brutpaaren, gefolgt von der Ukraine (30 000) und Weißrussland (circa 20 000). Verbreitungsschwerpunkt im Westen ist Spanien (30 000 Brutpaare). In Deutschland gibt es rund 4000 Paare. Die meisten von ihnen leben in Brandenburg, Mecklenburg-Vorpommern und Sachsen-Anhalt, nahe der Elbe. Im Storchendorf Rühstädt leben über 30 Brutpaare auf engstem Raum.

BESONDERES

Allzu lange wissen die Menschen noch gar nicht, dass Störche, Kraniche und Co. die Wintermonate im Süden verbringen. Noch bis ins 18. und 19. Jahrhundert hinein hielten sich die krudesten Vermutungen. Zum Beispiel, dass die Vögel auf dem Grund von Gewässern überwintern, in Baumhöhlen Winterschlaf halten oder sich in Mäuse oder andere Tiere verwandeln. Für die Zugvogeltheorie fehlte es einfach an griffigen Beweisen. Dann aber wurde 1822 in Mecklenburg-Vorpommern ein Storch geschossen, dem ein merkwürdiger Gegenstand im Hals steckte. Bei genauerer Betrachtung entpuppte er sich als Pfeil bzw. Speer aus Zentralafrika. Der »Rostocker Pfeilstorch« lieferte einen wichtigen Beweis dafür, dass Störche den Winter tatsächlich weit entfernt von ihren Brutgebieten verbringen; er ist heute noch in der zoologischen Sammlung der Universität Rostock zu sehen.

ALTER

Störche können in der Natur bis zu 20 Jahre alt und älter werden. Der älteste beringte Storch war 35 Jahre alt.

SEX & SOZIALES

Störche sind treu. Allerdings eher ihren Nestern als ihren Partnern. Weil es beide Partner in der Regel aber immer wieder zum Nest aus dem Vorjahr zieht, besteht durchaus die Möglichkeit, dass Paare über mehrere Brutzeiten zusammenbleiben. Die Männchen kehren meist ein paar Tage früher aus dem Winterquartier zurück. Bald nachdem auch ein Weibchen am Nest eingetroffen ist, beginnt die Paarung. Nur wenige Tage später werden meist drei bis fünf Eier gelegt und von beiden Partnern bebrütet. Nach etwa 33 Tagen schlüpfen die Jungen, die von beiden Eltern gefüttert werden. Bis etwa Mitte August müssen sie so kräftig werden, dass sie alleine den weiten Weg ins afrikanische Winterquartier schaffen. Die Eltern erholen sich noch ein paar Wochen länger von den Brutstrapazen und folgen dann dem Nachwuchs in den Süden.

KULINARISCHES

Weißstörche sind ausgewiesene Fleischfresser. Zum Speiseplan gehören Frösche, aber auch Mäuse und andere kleine Säugetiere, Insekten, Regenwürmer und Aas.

AUSSICHTEN

In Deutschland war in den 1980er Jahren ein Tiefpunkt bei der Storchenpopulation erreicht. Seitdem haben sich die Bestände zum Teil rasant erholt. Der Gesamtbestand wird auf über 230 000 Tiere geschätzt.

AUF SAFARI

DIE BESTE ZEIT

Die meisten Störche kommen im April aus den Winterquartieren zurück und bleiben bis Mitte oder Ende August. Zwischen Ende Juli und Anfang August bekommt man in Rühstädt die meisten Störche zu sehen, weil dann die Jungen schon (fast) flügge, aber noch nicht auf dem Weg in den warmen Süden sind.

DAS BASISLAGER

Im NABU-Besucherzentrum in Rühstädt (Neuhausstraße 9, 19322 Rühstädt, Tel.: 038791/98024) erfährt man alles, was man über Störche wissen möchte. Von dort starten auch die Touren durchs Dorf. Wer die Vögel außerhalb von Rühstädt bei der Nahrungssuche beobachten will, kann nachfragen, wo sie sich gerade aufhalten. Die Ausstellung ist vom 1. April bis zum 30. September täglich von 10 bis 18 Uhr geöffnet (außerhalb der Saison nur nach Anmeldung). Der Eintritt beträgt 1,50 Euro für Erwachsene und 50 Cent für Kinder.

VERSORGUNGSLAGE MITTELPRÄCHTIG

In Rühstädt und Umgebung gibt es eine ganze Reihe von Unterkünften vom Schlosshotel bis zur netten Landpension »Ferienhof Zander« in Bälow. Auch ein paar Restaurants und Cafés haben in der Saison geöffnet. Der nächste Supermarkt liegt in Bad Wilsnack oder Wittenberge.

ANDERE TIERE

In dem ländlich geprägten Dorf fühlen sich auch Schwalben wohl. Man kann Mehlschwalben und Rauchschwalben beobachten. Die Unterscheidung ist leicht. Rauchschwalben haben eine braune Kehle und einen langen gegabelten Schwanz, Mehlschwalben eine weiße Kehle und kurze Schwanzfedern. Rauchschwalben brüten in Gebäuden wie Scheunen oder Ställen, Mehlschwalben bringen ihre Lehmnester an den Außenfassaden an.

ANDERER ORT

Bad Wilsnack liegt nur ein paar Kilometer von Rühstädt entfernt. Dort gibt es nicht nur ein großes Thermalbad, sondern auch eine halbfertige Kirche gewaltigen Ausmaßes. Die Wunderblutkirche war im späten Mittelalter einer der bedeutendsten Wallfahrtsorte des Abendlandes. 1383 wurden nach einem Brand in den Trümmern der Kirche drei unversehrte Hostien gefunden. Nach diesem Hostienwunder kamen die Pilger in Scharen aus ganz Nordeuropa. Die Pilgerbewegung fand 1552 ein jähes Ende, als der erste evangelische Pfarrer die Wunderbluthostien verbrannte.

ZUR VORBEREITUNG

www.brandenburg.nabu.de/naturerleben/storchentouren
www.storchenclub.de
www.besucherzentrum-ruehstaedt.de
www.bad-wilsnack.de
www.ferienhof-zander.de

HIN & HER

Mit dem Auto auf der B 5 (Berlin–Hamburg) bis Kletzke oder auf der B 107 (Havelberg–Pritzwalk) bis zur Kreuzung mit der B 5 weiter Richtung Kletzke. Von dort über Bad Wilsnack, Legde, Abbendorf, Gnevsdorf nach Rühstädt.

Mit der Bahn stündlich aus Berlin mit dem RE 4 Richtung Wittenberge/Wismar wahlweise bis Bad Wilsnack oder Wittenberge. Von dort entweder mit dem Rad der Ausschilderung Storchendorf Rühstädt folgen oder mit dem Bus nach Rühstädt: Tel.: 03876/789940, www.vgp-prignitz.de oder Kleinbusbetrieb Prignitzreisen, Tel.: 038791/6221, www.kleinbus-prignitzreisen.de.

GROSS MOHRDORF
UND LINUM S. 72–87
5

VÖGEL DES GLÜCKS

DER KRANICHZUG BEI GROSS MOHRDORF UND LINUM

Als ich ein Kind war, habe ich von meinen Eltern gelernt, dass Kraniche besondere Vögel und vor allem sehr, sehr selten sind. Ein paarmal kam es vor, dass im Herbst ein Trupp Kraniche laut trompetend über unser Haus flog. Ich war jedes Mal fasziniert. Die Rufe klangen so schön, so melancholisch.

Laut und vernehmlich waren da diese unbekannten Vögel unterwegs, die ich noch nie aus der Nähe gesehen hatte. Es war fast so, als würden sie in einer geheimen Parallelwelt leben. Mein Vater pflegte nach solchen Begegnungen mit getragener Stimme Schillers »Kraniche des Ibikus« zu rezitieren. Griechenland, Götter, Schuld, Sühne und großes Drama – vielleicht liegt es daran, dass für mich bis heute jede Kranichbegegnung etwas Besonderes ist. Oder es hat einfach damit zu tun, dass Kraniche so imposante und schöne Tiere sind. Nicht ohne Grund werden sie in vielen Kulturen als Vögel des Glücks verehrt.

Der beste Ort, um Kraniche tagsüber und aus der Nähe zu beobachten, ist die Umgebung von Groß Mohrdorf in Mecklenburg-Vorpommern. Die Tourismushochburgen Stralsund, Rügen und Darß liegen gleich um die Ecke. Rund um den kleinen Ort aber geht es noch ganz gemächlich zu. Die Region ist von der Landwirtschaft geprägt. Die Straßen sind schmal und spärlich ausgeschildert. Immer wieder muss ich deshalb anhalten und mich mit einem Blick auf die Karte versichern, dass ich noch richtig bin. Viel Verkehr gibt es nicht. Auch von den Kranichen bislang keine Spur. Gerade als ich mich wieder frage, ob ich mich gründlich verfahren habe, sehe ich mehrere Autos an der Straße stehen und entdecke in der Nähe von Günz die Zufahrt zu einem gut gefüllten Parkplatz. Ich bin erleichtert. Menschen sammeln sich da, wo sich die Tiere sammeln, alte Safari-Weisheit. Und wieder mal trifft sie zu: Hinter dem Parkplatzrand, an dem sich knapp 20 Fotografen aufgebaut haben, beginnt ein Feld mit Maisstoppeln. Auf diesem Feld stehen mehrere hundert Kraniche. So nah, dass man nicht bloß ahnt, dass es Kraniche sein müssen, sondern schon mit bloßem Auge Eltern und Jungvögel erkennt. So nah, dass man auch darüber staunt, wie groß so ein Kranich tatsächlich ist und wie hell sein Gefieder. Meist kriegt man die Vögel ja nur im Flug oder in der Dämmerung zu sehen.

Das Faszinierende an diesem Feld ist, wie wenig sich die Kraniche stören lassen. Ihre normale

WARUM ABLENKUNG BEIM FUTTERN DIE JUNGEN PFLANZEN SCHONT

Ablenkfütterungen sind eine wichtige Maßnahme, um die Interessenkonflikte zwischen Landwirten und Kranichen oder anderen Zugvögeln gering zu halten. Denn die Vögel haben einen gesegneten Appetit. Wenn sie zu Hunderten oder Tausenden über ein Feld herfallen, können sie dort einigen Schaden anrichten. Vor allem bei Neusaaten ist die Gefahr groß, dass sie junge Pflanzen mitsamt der Samenkörner aus dem Boden zupfen und dadurch die Ernte zerstören. Schon lange dürfen Landwirte die Kraniche von ihren Äckern aktiv vertreiben, mit Böllerschüssen, Flatterbändern oder mit wild rudernden Armen und Gebrüll. Früher hat das dazu geführt, dass die Kraniche zum Teil von einer Fläche zur nächsten gescheucht wurden und bei ihren Fluchten so viel Energie verloren, dass sie noch mehr fressen mussten, weshalb sie noch häufiger verscheucht wurden, weshalb sie noch mehr fressen mussten – ein Teufelskreis. Durch die Ablenkfütterungen wird dieser Kreislauf unterbrochen. Weil auf dem Stoppelfeld neben dem Parkplatz regelmäßig eine Extraration Mais ausgestreut wird, lassen die Kraniche die frisch ausgekeimten Pflänzchen auf anderen Flächen in Ruhe. Wenn nicht, kommt es schon mal vor, dass einige Mitarbeiter des Kranich-Informationszentrums im Morgengrauen das Feld besetzen und dadurch eine Landung der Kraniche verhindern.

Fluchtdistanz liegt bei 250 bis 300 Metern. Hier kommen sie deutlich näher an den Parkplatz heran, obwohl dort mehrere Dutzend Menschen stehen. Offensichtlich wissen sie, dass sie hier nichts zu befürchten haben. Und bei den Menschen hat sich herumgesprochen, dass man mit Sicherheit Kraniche beobachten kann, ohne stundenlang durchs Gebüsch kriechen zu müssen.

Dieser Zustand ist Anfang der 1990er Jahre eher beiläufig entstanden. »Wir haben die Fläche ursprünglich als reine Ablenkfütterung angelegt«, erklärt Günter Nowald später im Kranichzentrum in Groß Mohrdorf. Der Biologe koordiniert seit Jahren den Kranichschutz in ganz Deutschland.

Direkt am Parkplatzrand stehen Fotografen mit Stativen und sehr dicken Teleobjektiven. Bereitwillig fachsimpeln sie auch mit den Laien über das Kranichverhalten und die besten Beobachtungsmöglichkeiten – zumindest solange auf dem Stoppelfeld nichts Aufregendes passiert. Auch wenn die Ausrüstung anderes vermuten lässt, gehen fast alle Fotografen hier nur ihrem Hobby nach, das allerdings mit großer Ausdauer und viel Leidenschaft. Viele von ihnen nehmen sich alljährlich Urlaub für die Kraniche. Diese Stelle ist besonders beliebt, weil man hier den Kranichen direkt begegnet. Auf der Aussichtsplattform an der Längsseite des Parkplatzes sieht man deutlich weniger Teleobjektive, aber auch einiges, was sich lohnt, im Bild festzuhalten:

Zwei Kraniche landen mit ihren beiden Jungen auf dem Feld. Schon das allein ist ein Erlebnis. Wie die Vögel den Schwung der Landung mit ihren langen Beinen abfedern, noch ein paar Schritte laufen und schließlich stehen bleiben. Man kann gut beobachten, wie eng der Zusammenhalt der Familie ist. Die Bewegungen sind aufeinander abgestimmt, und trotz des großen Durcheinanders auf der Wiese bleiben die vier immer als Einheit erkennbar. Die Eltern bleiben mit einiger Sicherheit ein Leben lang zusammen, die Jungen folgen ihnen immerhin bis ins Winterquartier, manchmal auch zurück ins Brutgebiet. Sie müssen so lange bei den Eltern bleiben, weil – anders als zum Beispiel bei Störchen – ihre Zugroute in den Süden nicht in den Köpfen vorprogrammiert ist, sondern erst von den Eltern erlernt werden muss.

Neben der engen Bindung zur Familie halten die Kraniche auch freundschaftliche Kontakte zu anderen Artgenossen. Wissenschaftlich bewiesen ist das zwar nicht, aber es gibt interessante Beobachtungen dazu. So ist den freiwilligen Helfern auf der Aussichtsplattform am Parkplatz aufgefallen, dass eine Kranichfamilie auf dem Feld nur eine ganz bestimmte andere Familie in ihrer Nähe duldet, alle anderen aber vertreibt. Die einzelnen Tiere konnten die Helfer dabei durch verschiedenfarbige Fußringe auseinanderhalten.

Es herrscht ein reges Kommen und Gehen am Feld, bei Menschen und Kranichen. Nur die Fotografen halten ausdauernd die Stellung. Nicht mal zum Mittagessen rücken sie ab. Gegen zwölf Uhr fährt nämlich ein Imbisswagen vor, bei dem sie sich mit allem Nötigen versorgen können.

Auf einmal landet ein neuer Kranichtrupp auf den Maisstoppeln und bringt Unruhe in die Gruppe. Beim Auslaufen sind einige der Vögel sich näher gekommen, als ihnen lieb ist. In ihrer Erregung führen zwei von ihnen einen kleinen Kranichtanz auf: Sie wenden sich einander zu, breiten die Flügel aus, strecken den Hals, knicken in den Gelenken ein und springen in die Luft.

Nach knapp zwei Stunden reiße ich mich los und fahre ein paar Kilometer weiter ins Kranichzentrum nach Groß Mohrdorf. Dort will ich in Erfahrung bringen, an welchen Stellen genau die Kraniche übernachten.

Wenn man früh aufsteht und seinen Standort geschickt wählt, fliegen die Vögel oft direkt über einen hinweg. Günter Nowald sagt, ich solle mich bei Bisdorf positionieren. Dort sitzt man geschützt und gut versteckt in einer kleinen Holzhütte und bekommt sämtliche Kraniche zu sehen, die die Nacht auf der äußersten Spitze des Darß verbracht haben.

Halb sieben. Als ich den kleinen Waldweg gefunden habe, der zu der Hütte führt, ist es noch stockdunkel. Zehn Minuten später an der Hütte lässt sich die Dämmerung gerade mal erahnen. Ich bin kein Frühaufsteher. Vielleicht hat es gerade deshalb etwas Erhebendes für mich, vor allen anderen unterwegs zu sein. Aber ich bin nicht der Erste. Viel sehen kann ich in dem dunklen Raum zwar nicht, aber deutlich mehrere Stimmen unterscheiden. Nach ein paar Minuten materialisiert sich eine Gruppe freundlicher Rentner aus dem Dämmerlicht, die mich nach kurzer Begrüßung zu Pralinen und Sekt einlädt. Wie sich herausstellt, hat einer von ihnen Geburtstag, und seit vielen, vielen Jahren begehen sie den immer gleich: Am frühen Morgen mit Sekt und Pralinen in der Bisdorfer Hütte. Jahr für Jahr reisen sie dafür aus dem Rheinland an. Das Suchtpotenzial von Kranichbeobachtungen kann groß sein.

Gemeinsam bestaunen wir den roten Sonnenaufgang und warten auf die Vögel. Man kann sie bereits hören. Ihr Schlafplatz liegt nur ein paar hundert Meter entfernt auf der anderen Seite des Wassers. Gegen halb acht fliegt der erste Kranichzug laut rufend über den Bodden. In kurzen Abständen folgen immer mehr lange Formationen am leuchtend roten Morgenhimmel. Versunken und ein bisschen beschwipst schauen wir ihnen dabei zu.

*

Linum ist der zweite Ort in Deutschland, an dem sich Kraniche hervorragend beobachten lassen. Das kleine Dorf liegt in der Nähe von Neuruppin und hat sich in den vergangenen Jahren zu einem riesigen Kranichrastplatz entwickelt. 2013 wurden an einem Tag mehr als 110 000 Vögel gezählt. Der rasante Anstieg hat mit dem guten Bruterfolg der osteuropäischen Kraniche zu tun, von denen fast alle im Herbst durch Linum und dann weiter Richtung Westen nach Frankreich und Spanien ziehen.

In der öffentlichen Wahrnehmung steht Linum noch etwas im Schatten der Rügen-Bock-Region. Die Berliner aber wissen längst Bescheid und wollen sich das Spektakel knapp vor der Haustür nicht entgehen lassen. Vor allem am Wochenende sind die Straßen in Linum häufig zugeparkt. Dem schönen Dorf kann das zwar nichts anhaben, die Bewohner allerdings dürfte es nerven. Um es sich mit Einheimischen und Kranichen nicht zu verscherzen, sollte man sich also besonders rücksichtsvoll verhalten, keine Ausfahrten zuparken und Absperrungen akzeptieren. Oder unter der Woche kommen, dann hat man den Ort und die Kraniche fast für sich allein.

Wir entscheiden uns für eine klassische Landpartie am Wochenende und nehmen ein befreundetes Paar mit Kindern mit. Anders als

viele Berliner, die den Restaurants und Hotels auf dem Land zu Unrecht nicht trauen, bleiben wir über Nacht. Wir wollen schließlich nicht nur Kraniche beobachten, sondern uns unterwegs auch mit frischem Obst versorgen und durch die Hofläden von Linum schlendern.

Bei der Abfahrt sind die Kinder angemessen aufgeregt. Felix will unbedingt seine Becherlupe mitnehmen. Sein Freund Jakob hat ein Kinderfernglas dabei. Die zweijährige Luise weiß zwar nicht genau, wohin es geht, ist aber trotzdem Feuer und Flamme. Wir beginnen unseren Ausflug aufs Land etwa 20 Kilometer vor Linum, in der winzigen Siedlung Neu-Vehlefanz. Dort gibt es eine Obstplantage, in der man Äpfel pflücken kann. Jedes Kind ist mit einem eigenen Pappkorb bewaffnet und sammelt, was das Zeug hält. Da die kleinen Hände nur die kleinen Äpfel pflücken können, machen wir uns keine großen Gedanken über die Obstmenge. Bis wir an der Kasse für überraschende 21 Kilo zahlen. Macht aber nix: Schließlich sind die Äpfel deutlich preiswerter und knackiger als im Supermarkt.

Auf dem Weg zum Hotel lassen wir das Denkmal zur Schlacht bei Fehrbellin genauso links liegen wie das Ökodorf Kuhhorst und die Ziegenkäserei Karolinenhof. Wir bringen nur schnell das Gepäck auf die Zimmer und fahren zurück nach Linum. Auf den abgeernteten Feldern links und rechts sieht man schon einzelne Kranichfamilien. Die Kinder haben ihre Augen schnell auf die grauen Federn eingestellt und kreischen immer wieder triumphierend, wenn sie neue Vögel entdecken. Besonders begeistert sie, dass die Kraniche genau wie wir als Kleinfamilien unterwegs sind. Die Jungvögel auf dem Feld sind gut an den braunen Köpfen zu erkennen. Auch in der Luft sind schon Vogelformationen unterwegs. Mal Kraniche, mal Gänse, von denen ebenfalls mehrere zehntausend in der Region rasten.

Als wir in Linum ankommen, ist es kurz nach drei. Erster Anlaufpunkt ist die Storchenschmiede, die vom Berliner NABU betrieben wird. Auf dem ehemaligen Hof ist eine Ausstellung zu den Kranichen und anderen Tieren der Region zu sehen. Man kann Kaffee trinken, Kuchen essen oder vom schön angelegten Bauerngarten auf die ehemaligen Fischteiche gucken, in denen die Kraniche übernachten.

Die Kinder finden's erst mal blöd. Draußen rumlaufen und nach Vögeln Ausschau halten macht schließlich viel mehr Spaß. Aber von der Größe der ausgestopften Kraniche sind sie dann doch beeindruckt. Außerdem gibt es Eis. Und das isst sich besonders gut in der milden Herbstsonne, direkt neben den Sonnenblumen, die immer wieder von Blaumeisen angeflogen werden. Und dann ist da noch der Garten. Von den Touristen mal abgesehen ist die Storchenschmiede genau so, wie man sich einen Hof in idyllischer Landschaft vorstellt: Direkt hinter den Gebäuden liegt ein großer Bauerngarten, der nahtlos in Felder und Wiesen übergeht. Am Himmel sind jetzt immer mehr Vögel zu sehen. Während Jakob sich das Pferd auf der Weide mit seinem Fernglas anguckt, haben Felix und Luise die mit Abstand größte Attraktion vor Ort entdeckt. Eine große, rund ein Meter tiefe Grube, die offenbar als Komposthaufen genutzt werden soll. Jedenfalls sind Teile des Bodens mit einer dicken Schicht Herbstlaub bedeckt. Immer wieder springen die Kinder von der Kante ins Loch, sauen sich dabei mächtig ein und haben einen Heidenspaß. Für sie ist der Ausflug spätestens jetzt ein Erfolg.

Im Hof der Storchenschmiede sammeln sich immer mehr Menschen. Dort beginnen die Führungen, die der NABU anbietet. Und auch wer keine Führung gebucht hat, bekommt Tipps, von wo aus sich der Einflug der Kraniche am besten beobachten lässt. Eine gute Option ist eigentlich immer der Fußweg, der direkt zwischen den Teichen verläuft. Aber weil es in den vergangenen Tagen viel geregnet hat, steht der Weg unter Wasser, und diese Option fällt weg.

Doch es gibt Alternativen. Die Kraniche ziehen in breiter Front über Linum. Wenn man sich also etwas außerhalb an der Hauptstraße postiert, fliegen sie direkt über einen hinweg.

Gegen 17 Uhr machen wir uns auf den Weg und folgen dem Menschenstrom. Die Landstraße ist komplett zugestellt. Am Straßenrand stehen Menschen mit Spektiven und Ferngläsern und blicken Richtung Süden. Selbst das Fernsehen ist da und nimmt uns ins Visier. Wir parken auf einem kleinen Wirtschaftsweg, steigen aus und gehen die paar Schritte bis zu einer Absperrung. »Gru-gru«, tönt es laut und vernehmlich, und dann sieht man die Kraniche auch. Tausende von ihnen stehen auf dem Feld vor uns. Auf einem anderen Feld, das etwas näher liegt, stehen immerhin einige Dutzend Vögel, die sich mit dem Fernglas gut beobachten lassen. Vor allem aber segeln Kraniche in langen Ketten dicht und majestätisch über uns hinweg. Die Vögel kommen in Formationsflug heran, kurz vor der Landung löst sich die Ordnung dann auf, und die Gruppe landet in bunter Unordnung auf dem Feld. Wenn man darauf achtet, kann man die Jungvögel gut heraushören. Sie sind noch nicht recht bei Stimme und können nur leise und heiser piepsen.

Manchmal spielen sich kleine Dramen ab, die auch die Kinder gut nachvollziehen können: Im Landedurcheinander hat ein Junges seine Eltern verloren. Jetzt fliegt es aufgeregt piepsend hin und her und schaut dabei suchend nach links und rechts. Der Kleine dreht ein paar Runden, dann hat er seine Eltern offenbar wieder gefunden. Die Kinder sind erleichtert, als ich ihnen glaubhaft versichere, dass das Kranichkind und seine Eltern wieder vereint sind. Aber auch bei jedem weiteren Piepsen, das sie zwischen den Rufen der Eltern hören, wollen sie genau wissen, ob mit den Jungen alles in Ordnung ist. Ist es. Wie die großen sind auch die kleinen Kraniche vor jedem Start und vor jeder Landung einfach ein bisschen aufgeregt und bauen Stress ab, indem sie den Schnabel aufmachen und laut rufen.

Jetzt fliegen auch ein paar Gänseformationen über uns hinweg. Man erkennt sie an den weniger melodischen Rufen, der geringeren Größe und dem deutlich schnelleren Flügelschlag. Während die Kinder schon wieder im Warmen sitzen und Kinderlieder im Auto hören, sehen wir noch ein paar Minuten zu, wie sich am Himmel eine breite schwarze Linie materialisiert, die sich beim Näherkommen als gewaltig großer Kranichtrupp entpuppt. Wir lassen noch ein paar Ketten über uns hinwegsegeln und machen uns dann auf den Weg zurück ins Hotel.

Wegen der vielen Touristen sind die Hofläden und Geschäfte auch am Sonntag geöffnet, also fahren wir am nächsten Morgen wieder nach Linum. Es ist so warm, dass man noch draußen sitzen kann. Wieder sind neben Staren auch Gänse und Kraniche unterwegs. Die großen Vögel haben Eindruck auf die Kinder gemacht. Jedenfalls zeigen sie immer wieder in die Luft, wenn sie eine Formation sehen, und lassen dafür sogar kurz Kakao, Kuchen und Plastikdinosaurier links liegen, die sie sich nebenan beim Kinderflohmarkt erbettelt haben. Das Interesse an den Zugvögeln bleibt. Bis kurz vor Berlin entdecken die Kinder immer wieder Kranichgruppen und -familien am Autobahnrand. In den Tagen darauf sehen wir selbst am Himmel über Berlin ein paar Formationen auf dem Flug Richtung Westen. Diese besondere Aufmerksamkeit für die Natur hält selbst dann noch an, als der letzte Kranichzug längst im Winterquartier angekommen ist.

WISSENSWERTES

WER

In einem Quartett mit heimischen Vögeln wäre der **Kranich (Grus grus)** das Trumpf-Ass, weil gleich in mehreren Kategorien unschlagbar. Zum einen ist er groß. Man nehme einen Storch und packe noch mal einen knappen halben Meter drauf, dann hat man in etwa die Größe eines Kranichs (bis zu 1,30 Meter). Auch bei der Flügelspannweite von 2,40 Meter kann keiner mithalten. Und dann ist da noch die bis zu 1,30 Meter lange Luftröhre, die das laute, melodische Trompeten möglich macht. Neben diesen messbaren Superlativen überzeugt der Kranich außerdem in der B-Note: Mit seiner hohen Gestalt und dem überwiegend grauen Gefieder, das wie eine Schleppe über den Rücken hinausragt, sieht er einfach sehr elegant aus.

WO

Die Brutgebiete des Kranichs liegen in Nord- und Osteuropa und in Nordasien. In Deutschland gibt es wieder rund 8000 Brutpaare. Auffälliger sind bei uns die großen Ansammlungen an den verschiedenen Rastplätzen während der Zugzeit im Herbst. Es gibt zwei spektakuläre Kranichrastplätze. Der eine liegt bei Groß Mohrdorf, 15 Kilometer nordwestlich von Stralsund. Dort sammeln sich im Oktober täglich bis zu 70 000 Kraniche aus Skandinavien, die in den flachen Bodden-Gewässern übernachten. Der Rastplatz rund um das kleine Dorf Linum, 60 Kilometer nordwestlich von Berlin, ist mittlerweile noch größer. 2013 wurden dort an einem Tag mehr als 110 000 Kraniche aus Osteuropa, dem Baltikum und Finnland gezählt, die in den ehemaligen Fischteichen im Ort oder in extra für sie vernässten Wiesen übernachten.

BESONDERES

Bei Gefahr für seine Jungen wendet der Kranich eine besondere List an. Nähert sich ein Feind dem Nest, der nicht durch Schnabelhiebe oder Flügelschläge in die Flucht geschlagen werden kann, bietet sich ein Elternteil als vermeintlich leichte Beute an. Während der eine humpelnd und mit hängenden Flügeln vom Nest wegstolpert und so die Aufmerksamkeit auf sich zieht, führt der andere Altvogel die Jungen unbeobachtet in ein sicheres Versteck.

ALTER

Ein Alter von 15 Jahren ist in der Natur keine Seltenheit. In Gefangenschaft wurden Kraniche auch schon mal 40 Jahre alt.

SEX & SOZIALES

Kraniche sind in der Regel monogam, aber wie fast überall gibt es Ausnahmen. Die Paare finden bereits im jugendlichen Alter zusammen, die erste Brut erfolgt mit drei bis fünf Jahren. Das Paar sucht sich ein Territorium, das es gegen andere Kraniche verteidigt. Zwischen März und Mitte April werden meist zwei Eier gelegt. Beide Eltern beteiligen sich am Brutgeschäft. Die Jungen schlüpfen nach 31 Tagen und bleiben mindestens bis zur Ankunft im Winterquartier mit den Eltern zusammen. Außerhalb der Brutzeit leben Kraniche an den Sammel- und Rastplätzen in großen Gruppen.

KULINARISCHES

Die Nahrungspalette der Kraniche reicht von Insekten, Würmern, Schnecken, Fröschen, Reptilien und Mäusen bis zu Mais- und Getreidekörnern, Erbsen, Bohnen, Eicheln, Kartoffeln und anderen Pflanzenteilen. Bereits in der Steinzeit stellten Menschen den Kranichen nach. Der römische Dichter Horaz bezeichnet den Kranich als »angenehme Beute«, bemängelt jedoch deren große Anzahl von Sehnen.

AUSSICHTEN

Die Zahl der Brutpaare in Deutschland ist in den vergangenen Jahrzehnten deutlich gestiegen. Ende der 1940er Jahre lebten weniger als 500 Paare in Deutschland. Heute sind es mehr als 8000. Allein in den letzten 20 Jahren hat sich der Kranichbestand in Deutschland vervierfacht. Ein Grund dafür sind die verbesserten Lebensbedingungen etwa durch die Ausweisung zusätzlicher Naturschutzgebiete. Der Gesamtbestand der Art wird auf gut 400 000 geschätzt. In den meisten europäischen Kranichgebieten sind die Populationen stabil, oder sie wachsen.

AUF SAFARI

DIE BESTE ZEIT

Die Zugzeit der Kraniche beginnt Mitte September und kann je nach Witterung bis weit in den November reichen. In Groß Mohrdorf ist der Höhepunkt Mitte Oktober erreicht. In Linum ein bis zwei Wochen später.

DAS BASISLAGER

Das Kranich-Informationszentrum in Groß Mohrdorf (Lindenstraße 27, 18445 Groß Mohrdorf, Tel.: 038323/80540) ist von März bis November geöffnet (im Winter nach Anfrage). Die Storchenschmiede in Linum (Nauener Straße 54, 16833 Linum, Tel.: 033922/50500) ist vom 19. April bis zum Ende der Kranichrast im November offen, sonst jederzeit nach Vereinbarung. In beiden Einrichtungen gibt es kleine Ausstellungen zum Thema und Auskunft darüber, wo sich die Kraniche gerade aufhalten.

VERSORGUNGSLAGE MITTELPRÄCHTIG

In und um Groß Mohrdorf gibt es eine ganze Reihe von Übernachtungsmöglichkeiten (Stralsund ist nicht weit). In Linum selbst gibt es nur eine Pension, im Umfeld aber eine Handvoll anderer Unterkünfte. Anders als Groß Mohrdorf ist Linum mit vielen Cafés und Hofläden bestens auf Touristen eingestellt.

ANDERE TIERE

Im Herbst sind auch riesige Scharen von Saat- oder Blässgänsen unterwegs. In der Luft sind sie wegen ihres viel schnelleren Flügelschlags leicht von den Kranichen zu unterscheiden. Anders als die Kraniche fliegen die nordischen Gänse nicht weiter nach Spanien oder Afrika, sondern bleiben in Deutschland. Weil sie aus den eiskalten Tundren des Nordens kommen, empfinden die Gänse den deutschen Winter schon als angenehm mild.

ZUR VORBEREITUNG

www.kraniche.de
www.storchenschmiede.de

HIN & HER

Nach Groß Mohrdorf: Vom Großraum Berlin und Hamburg Autobahn bis Rostock – Abfahrt Rostock-Ost von der A 19 in Richtung B 105. Von Stralsund: In Stralsund der Ausschilderung Prohn folgen – Durchfahrt Prohn und Hohendorf –, in Groß Mohrdorf großes gelbes Gebäude links an der Hauptstraße (Kranich-Informationszentrum).
Nach Linum mit der Bahn: Regionalexpress von Berlin nach Kremmen, von dort per Bus nach Linum (nur wochentags).
Mit dem Auto: A 24 Berlin-Hamburg, Abfahrt Kremmen, nach Staffelde und von dort auf der L 16 nach Linum.

KLEPELSHAGEN

S. 88–101

6

EINE BÜHNE FÜR DIE HIRSCHE

ROTWILD IN KLEPELSHAGEN

Ich sitze auf einem klapprigen Fahrrad und strample durch die Nacht. Es ist halb fünf Uhr morgens, und ich fahre über einen kleinen Feldweg, mitten in den Wald hinein. Das schwache Licht des Dynamos flackert unruhig, als ich über das Kopfsteinpflaster holpere. Die Gangschaltung funktioniert nicht, und die Steigungen sind eine Qual. Natürlich hätte ich für die paar Kilometer das Auto nehmen können, aber das wäre nicht der halbe Spaß gewesen.

Die Luft ist kühl und klar. Und der Wald schweigt nicht erhaben, nein, er brüllt. Immer wieder wird die Stille durch ein lang gezogenes Knören und Röhren zerrissen, das ein bisschen nach erregter Kuh klingt, und dann doch wieder ganz anders. Wenn ich nicht wüsste, wer da brüllt, bekäme ich es vermutlich mit der Angst zu tun. So bin ich nur ein bisschen aufgeregt: Ich bin mitten im Wildtierland, auf dem Weg ins »Tal der Hirsche«. Wie man hört, ist die Brunft schon in vollem Gange. Und ich werde ihnen gleich dabei zusehen!

Die letzten hundert Meter geht es mit dem Fahrrad sanft bergab, die Landschaft öffnet sich, und schließlich kommen die Häuser und Straßenlaternen von Gut Klepelshagen in Sicht. In einem der Gebäude brennt bereits Licht. Die Tür ist offen. Ein paar Menschen mit Ferngläsern, Thermoskannen und Wolldecken stehen davor und warten. Ich bin hier also richtig.

Es dauert nicht lange und die Naturführerin erscheint. Eine kurze Einweisung: Kein Blitz an der Kamera, keine Taschenlampen, Handys aus und auch sonst bitte schön leise. Wir wollen die Hirsche ja schließlich nicht verschrecken. Dann geht es los. Zu Fuß den Weg entlang, den ich gerade gekommen bin. Nach ein paar hundert Metern zweigt links ein Trampelpfad ab, an dessen Ende wir die Umrisse eines kleinen Gebäudes ausmachen. Das Innere des Holzbaus ist eine Art Tribüne mit vier aufsteigenden breiten Holzbänken zu beiden Seiten des Gangs. Die Front und beide Seiten bestehen aus großen Plexiglasscheiben, die jetzt leise nach oben geklappt werden.

Es ist immer noch so dunkel, dass man draußen nichts erkennt. Dafür ist das Röhren umso eindringlicher. Mindestens drei Hirsche brüllen aus unterschiedlichen Richtungen. Jetzt kann ich mich besser darauf konzentrieren als vorher auf dem klapprigen Fahrrad. Das ist also das Geräusch, das zu den Ölschinken passt, die in rustikalen Gaststuben oder bei Opa überm Sofa hängen. Die Rufe sind wirklich eindrucksvoll. Selbstbewusst, irgendwie urviechähnlich. Es sind auch nur die potenziellen Platzhirsche, die röhren. Ihre Rufe sind vor allem Botschaften an die Konkurrenz: Verzieh dich, probier's erst gar nicht. Du hast eh keine Chance gegen mich. Und natürlich soll auch die Damenwelt möglichst nachhaltig beeindruckt werden.

Der Plan, die Konkurrenz allein durch Stimmgewalt vom Brunftplatz fernzuhalten, geht nicht auf. Jedenfalls hört man, wie in der Dunkelheit Geweihstangen ineinanderkrachen und zwei Hirsche sich intensiv behakeln. Bald kann man in der einsetzenden Dämmerung auch erste Schemen und Umrisse ausmachen.

Die Bühne, die da draußen langsam an Kontur gewinnt, ist ziemlich groß. Eine weite offene Fläche, mit Bodenwellen, Büschen und kleinen Gehölzen, die vom Wald eingefasst ist. Unsere Führerin kennt das Terrain natürlich besser als wir und weiß, was Hirsch und was Baum ist. Selbst wenn in der Dämmerung alles gleich und grau aussieht. Mit ihrer Hilfe – »Hirsche auf ein Uhr« – finden auch wir die Tiere. Tatsächlich. Am oberen rechten Rand der Fläche schieben sich zwei Hirsche mit verhakten Geweihen über die Wiese. Man sieht die Spannung der Körper und wie die Tiere versuchen, sich mit ihren Läufen fest in den Boden zu stemmen. Ein klarer Sieger ist nicht auszumachen. Und bevor der Kampf entschieden ist, verschwinden beide hinter einer Bodenwelle.

Weiter in der Mitte des Brunftplatzes tritt kurz darauf ein kapitaler Hirsch auf. Majestätisch schreitet er daher, bleibt auf einer kleinen Anhöhe stehen, hebt den Kopf mit dem großen Geweih, öffnet das Maul und röhrt, was das Zeug hält. In der Paarungszeit stehen fast alle Tiere unter dem Einfluss von Hormonen. Dieser Hirsch aber scheint so vollgepumpt mit Testosteron, dass er kaum laufen kann vor Kraft. Ist er nun der Gewinner des Kampfes, der ein paar Minuten vorher stattgefunden hat, oder der lachende Dritte, der die Bühne zumindest so lange für sich hat, wie die beiden anderen miteinander streiten? Beides wäre möglich. So oder so bedeutet der kurzfristige Erfolg noch nicht den dauerhaften Triumph über die Konkurrenz: Im Herbst halten sich regelmäßig drei bis sechs ältere Hirsche auf dem Brunftplatz auf. Nachdem sich der stärkste durchgesetzt hat, muss er in der Folgezeit seine Stellung als Platzhirsch immer und immer wieder behaupten. Wenn sich jüngere nähern, muss er sie verscheuchen. Nähert sich ein Rivale, der ernster zu nehmen ist, tritt er ihm entgegen und versucht zunächst, ihn mit seiner imponierenden körperlichen Präsenz in die Flucht zu schlagen. Reicht das nicht aus, kommt es zum Kampf. Bei diesen Auseinandersetzungen geht es nicht darum, den Gegner zu verletzen oder zu töten (auch wenn es gelegentlich vorkommt). Das Geweih dient nicht in erster Linie als Waffe. Viel besser eignet es sich dazu, sich mit einem anderen Geweih zu verhaken, so dass beide Hirsche in einem Schiebekampf ermitteln können, wer der Stärkere ist. Immer wieder wird der Platzhirsch herausgefordert, was ihn auf die Dauer müde und mürbe macht. So kann es sein, dass ihm irgendwann nach ein paar Tagen oder Wochen bei einem Kampf die paar entscheidenden Extrakörner für den Sieg fehlen und er einem anderen Hirsch weichen muss.

Während der Brunft fressen und schlafen die Hirsche kaum. Sie geben alles, weil es um alles geht. Bislang haben sie sich noch nicht gezeigt, aber irgendwo in der Nähe der Hirsche muss auch ein Rudel Hirschkühe stehen. Ohne sie wären das Imponiergehabe und die Kämpfe witzlos. Es ist auch nicht so, dass die Damen den Hirschen gefolgt wären, um zu sehen, was sie für tolle Kerle sind, sondern umgekehrt. Die Hirsche kommen zum Brunftplatz, weil da die Hirschkühe sind. Und sie kämpfen darum, wer beim Rudel stehen und die paarungsbereiten Weibchen begatten darf.

In der Praxis sieht das dann so aus, dass der Platzhirsch nicht nur mit den Konkurrenten kämpfen, sondern – am besten gleichzeitig – auch noch sein Rudel zusammenhalten muss. Denn auch die Hirsche, die im direkten Kampf unterlegen wären, suchen nach Mitteln und Wegen, um sich fortpflanzen zu können. Sie bleiben in der Nähe des Rudels und hoffen auf eine Unaufmerksamkeit des Platzhirsches. Manchmal bietet sich ihnen die Gelegenheit, sich ans Rudel heranzuschleichen, ein paar Hirschkühe davonzutreiben und sich mit ihnen zu paaren. Die Kälber, die dann im Frühjahr geboren werden, haben jedenfalls mit Sicherheit nicht alle den gleichen Vater.

Es ist jetzt fast schon taghell, und schließlich zeigen sich die Hirschkühe doch noch. Mehr als 30 Tiere kommen hinter einer Bodenwelle hervor, ein paar Meter links von der Stelle, an der der aktuelle Platzhirsch gerade geröhrt hat. Sie stehen beim Fressen dicht beieinander, eine gewaltig große

Masse, die sich langsam über die Fläche bewegt. Es ist ein ziemlich ungewohnter Anblick, weil es in unseren Breiten nichts Vergleichbares gibt. Etwa 20 Minuten dauert der Auftritt der Hirschkühe. Dann ziehen sie sich langsam in den Wald zurück. Der Platzhirsch folgt ihnen. Ende der Vorstellung. Die Brunft ist eher ein Nachtgeschäft.

Auch wir treten den Rückweg an. Hat sich das frühe Aufstehen gelohnt? Unbedingt! Beseelt schwinge ich mich auf mein Rad und fahre durch den Wald zurück zu unserem Quartier.

Wir haben uns ein Zimmer in der Jugendherberge »Haus Wildtierland« in Gehren genommen. (Achtung: Seit 2013 ist die Jugendherberge vorübergehend geschlossen. Es gibt aber Bemühungen der Deutschen Wildtier Stiftung und der Gemeinde, sie wieder zu öffnen.) Die Herberge liegt am Ortsrand von Gehren, gerade noch in dieser herrlich ursprünglichen, zusammenhängenden Landschaft, in der man nachts die Hirsche röhren hört. Als ich ankomme, toben Elisabeth und Felix über den Bolzplatz. Noch so ein Vorteil der Jugendherberge. Hier können die Kinder draußen noch laut sein, ohne dass sich jemand daran stört. Der Trupp Kraniche, der auf dem Feld nebenan steht, lässt sich jedenfalls nicht aus der Ruhe bringen.

Beim Frühstück erzähle ich von den Hirschen. Elisabeth wirkt fast ein bisschen neidisch. Gut so. Ich will ihr schließlich die Abendführung schmackhaft machen, an der sie teilnehmen soll, während ich bei Felix bleibe. Einem Kleinkind ist das Konzept des stundenlangen Stillsitzens leider noch nicht vermittelbar. Also verzichten wir ihm, uns und den Hirschen zuliebe darauf, als ganze Familie eine Führung zu besuchen. Felix sind die Hirsche gerade sowieso egal, er hat im Frühstücksraum eine Mühle entdeckt, mit deren Hilfe man sich sein Müsli selbst platt walzen kann. Auch gut. Nachdem auf diese Weise etliche Körner geplättet wurden, fahren wir zurück nach Klepelshagen. Selbst mit Auto und ohne Röhren ist die Strecke durch den Wald spektakulär. Irgendwie schön, dass solche entschleunigten Straßen, die das letzte Mal wahrscheinlich zur Zeit der napoleonischen Kriege erneuert wurden, bis heute die schnellste Verbindung zwischen zwei Dörfern sind. Wobei Klepelshagen eigentlich gar kein Dorf ist, sondern ein altes Gut. Bis heute ist es das Zentrum eines großen landwirtschaftlichen Betriebes mit Gutshaus, viel Nebengelass und ein paar Wohnhäusern, in denen früher die Bediensteten lebten.

In der DDR war Klepelshagen Teil eines Volkseigenen Gutes (VEG). Heute ist es ein ökologischer Musterbetrieb. Wie es dazu kam, kann man in der kleinen Ausstellung erfahren, die jeweils kurz vor und kurz nach den Führungen zu den Hirschen geöffnet ist. 1995 hat der Hamburger Unternehmer Haymo G. Rethwisch Gut Klepelshagen gekauft und die Landwirtschaft auf ökologischen Landbau umgestellt. Der Stifter der Deutschen Wildtier Stiftung, die sich für den Schutz heimischer Arten starkmacht, ist im Februar 2014 gestorben. Mit Gut Klepelshagen aber geht der Modellversuch, einen großen Betrieb trotz Rücksicht auf Wildtiere rentabel zu bewirtschaften, weiter. Die Beobachtung der Hirsche hat dabei die größte Öffentlichkeitswirksamkeit, ist aber trotzdem nur einer von vielen Aspekten der Stiftungsarbeit.

Nachdem Felix die großen Trecker und Mähdrescher im Fuhrpark von Klepelshagen ausgiebigst

IBAK

bestaunt hat, beschließen wir, die Umgebung genauer zu erkunden. Das Stettiner Haff ist nicht weit und lockt, aber wir entscheiden uns für einen Ort, der genauso aus der Zeit gefallen scheint wie Klepelshagen. Das Ukranenland ist etwa 20 Kilometer entfernt. Der Nachbau eines alten Slawendorfes liegt idyllisch an der Biegung der Uecker. Vom Parkplatz bis zum Dorf läuft man zehn Minuten durch den Wald, so dass kein Auto die Illusion der mittelalterlichen Siedlung stören kann. Zum authentischen Eindruck trägt definitiv bei, dass vor und in den kleinen Holzhäusern Menschen in handgefertigten Hemden und Gewändern sitzen, arbeiten und dabei alles andere als verkleidet wirken. Sie erklären bereitwillig, welchen Handwerken sie nachgehen, und erzählen, dass sie in den Sommermonaten auch schon mal für Tage oder Wochen im Dorf bleiben. Ein Leben an der Biegung des Flusses – ohne Auto, Fernseher oder Handy –, eine schönere Zivilisationsflucht muss man erst einmal finden.

Auf dem Rückweg halten wir wieder in Klepelshagen. Elisabeths Führung zu den Hirschen geht gleich los, und ich will versuchen, Felix die mamalose Zeit mit noch mehr Autos und Treckern zu versüßen. Ich bin aufgeregter als vor meiner eigenen Führung. Wenn ich die Familie schon mit auf Safari schleppe, soll sie auch auf ihre Kosten kommen. Ob sich die Hirsche am Abend überhaupt noch mal so prachtvoll zeigen wie am Morgen? Ich bin der Natur-Nerd in der Familie und würde mich zur Not auch mit ein paar Rehen, der Abendstimmung oder seltenen Kleinvögeln zufriedengeben. Elisabeth eher nicht. Wenn sie für Hirsche bezahlt, will sie gefälligst auch welche sehen. Nach dem Abendessen in der Jugendherberge fahren Felix und ich nach

WIE DIE HIRSCHE AUS DEM WALD GELOCKT WERDEN

Nirgendwo in Deutschland kann man Hirsche so verlässlich und bequem außerhalb des Waldes beobachten wie in Klepelshagen. Die Region war schon immer Rotwildgebiet. Dass sich die Tiere dort aber so ungezwungen bewegen, ist eine neue Entwicklung – und ein Verdienst der Deutschen Wildtier Stiftung. Weil natürliche Feinde fehlen, werden Hirsche weiterhin bejagt. Jedoch hauptsächlich im Wald, wo sie großen Schaden an den Bäumen anrichten können. Rund um den Brunftplatz, an dem die Besuchertribüne steht, herrscht dagegen ganzjährige Jagdruhe. Und es werden Kleegras oder Luzerne angebaut – als Winterfutter für die Rinder des Betriebs, aber auch als willkommene Nahrung für die Hirsche. Mit der Zeit haben die Tiere gelernt, dass sie sich hier in Sicherheit satt essen können. Mit solch einfachen Maßnahmen ist es gelungen, die Hirsche dorthin zu lotsen, wo sie wenig Schaden anrichten und bestens beobachtet werden können. Auch die künstliche Entwässerung der Flächen wurde eingestellt. So ist wieder eine Reihe von Kleinstgewässern und Schilfflächen entstanden, in denen die Hirsche ausreichend Wasser und Verstecke finden können.

Von den Renaturierungsmaßnahmen profitieren auch andere Arten. Zwerg- und Rothalstaucher, Knäk- und Schellente, Bekassine und Drosselrohrsänger haben sich in den letzten Jahren rund um Klepelshagen wieder angesiedelt. Auf dem Hinterwiesenweiher brüten Trauerseeschwalben auf 40 künstlichen schwimmenden Brutinseln. Im Wald hämmert der Schwarzspecht nicht nur Höhlen für sich ins tote Holz, sondern auch für andere Arten wie Waldkauz, Dohlen, Hornissen, Fledermäuse und Siebenschläfer. Bei einer Exkursion im Sommer 2009 haben Experten für Pflanzen und Tiere auf einer Fläche von nur 1000 Hektar 1800 verschiedene Arten gezählt.

Klepelshagen und vertreiben uns die Zeit auf dem Hof und im Garten des Gutshauses. Der Mond ist schon zu sehen, es gibt Apfelbäume, und eine Katze stromert herum.

Als Elisabeth schließlich von ihrer Führung zurückkommt, ist sie richtig begeistert. Sie hat eine knappe Stunde warten müssen, aber dann das volle Programm gesehen: zuerst das Rudel Hirschkühe, mindestens 30 Tiere. Und dann drei Hirsche, die sich nicht einigen konnten, wer denn nun zum Rudel darf. Das Krachen der Geweihe hat auch sie mächtig beeindruckt: »Fast hatte man das Gefühl, die Hirsche würden auch ein bisschen für die Menschen in der Hütte röhren und kämpfen«, sagt Elisabeth. Leider hat sie den letzten Akt verpasst. Die Dunkelheit legte sich wie ein Vorhang über die Bühne, so dass sie gar nicht mehr mitbekommen hat, wer von den drei Hirschen am Ende das Rennen gemacht hat.

Das mit dem letzten Akt kann ich zum Glück aufklären: Er hat noch gar nicht stattgefunden. Die Brunft geht weiter, die ganze Nacht über und dann, mit ein paar Ruhepausen am Tag, die nächsten Wochen auch.

Wir machen uns auf den Rückweg zur Jugendherberge. Mitten im Wald halten wir an, kurbeln die Fensterscheiben runter und lauschen: Wie vorhergesagt machen die Hirsche einfach weiter. Es röhrt. Ganz laut und nah und aus verschiedenen Richtungen. Felix weiß, was er da hört – »Hirsche!« Nur noch nicht genau, wo er die Rufe einsortieren soll. Schließlich hat er die Lösung und hebt triumphierend den Zeigefinger: »Wie Kühe!« Das kann man gelten lassen. Im Schritttempo fahren wir weiter durch den Wald und halten immer wieder an. Das Röhren der Hirsche begleitet uns bis zur Jugendherberge.

WISSENSWERTES

WER

Der Rothirsch (Cervus elaphus) ist einer der größten Hirsche weltweit und das größte Säugetier, das in Deutschland vorkommt. Er kann je nach Region zwischen 120 und 200 Kilogramm schwer werden und ist im Übrigen nicht der Mann vom Reh. Die Hirschkühe sind im Schnitt etwas leichter und kleiner als die Hirsche. Die Männchen entwickeln mit zunehmendem Alter ein ausladendes Geweih, das nicht recht in den dichten Wald passen will, in dem sich die Tiere oft aufhalten. Ein Indiz dafür, dass sie früher eher in halboffenen Landschaften zu Hause gewesen sind, bis sie vom Menschen daraus vertrieben wurden.

WO

Das Verbreitungsgebiet des Rothirsches erstreckt sich über Europa, Westasien, Zentralasien und Nordafrika. Die meisten Rothirsche leben in Großbritannien, Mittel- und Ostmitteleuropa. Der Gesamtbestand in Deutschland wird auf gut 180 000 Tiere geschätzt. Ein Austausch zwischen den Hirschgebieten ist kaum noch möglich, weil große Straßen oder Siedlungen den Weg zu den Nachbarn versperren. Besonders gut kann man Hirsche rund um Gut Klepelshagen in Mecklenburg-Vorpommern beobachten.

BESONDERES

Mit ihrem Geweih betreiben die Hirsche einen geradezu verschwenderischen Aufwand. Die Stangen, die bei alten Hirschen bis zu vier oder fünf Kilogramm schwer werden können, bestehen aus Knochen und bilden sich jedes Jahr aufs Neue. Unmittelbar nach dem Abwurf des Geweihs im Februar oder März setzt die Neubildung ein, die meist zwischen Juli und August abgeschlossen ist. Die Geweihspitzen wachsen bis zu zwei Zentimeter pro Tag. Das wachsende Geweih ist mit einer weichen Basthaut überzogen, die – wie das Geweih selbst – anfangs von Blutgefäßen durchzogen und sehr empfindlich ist.

ALTER

Rothirsche können in freier Wildbahn ein Alter von 20 Jahren erreichen. Dann sind die Zähne in der Regel so abgenutzt, dass sich die Tiere nicht mehr richtig ernähren können.

SEX & SOZIALES

Hirsche sind sehr soziale Tiere, die den Großteil des Jahres, fein säuberlich nach Geschlechtern getrennt, im Rudel verbringen. Nur um die Zeit der Geburt verlassen die Hirschkühe ihr Rudel. Auch die Hirsche leben lange Zeit halbwegs friedlich im Rudel zusammen, in dem es eine klar gegliederte Rangordnung gibt. Jeder Hirsch weiß genau, wer in der Hierarchie über und unter ihm steht. Zum Beginn der Brunftzeit im September werden die Tiere dann zunehmend aggressiver, und das Rudel löst sich auf. Die stärksten Hirsche ziehen auf die Brunftplätze und kämpfen um die Weibchen. Ein Platzhirsch erobert möglichst viele Damen für sich, von denen er in der Folgezeit auch möglichst viele zu begatten versucht. Die Kälber werden dann zwischen Mai und Juni geboren und bleiben über ein Jahr bei der Mutter.

KULINARISCHES

Rothirsche fressen fast alle vorkommenden Gräser und Kräuter. Zusätzlich lassen sie sich fast alle erreichbaren Grünteile und Äste vieler Baumarten schmecken. Auch Baumrinde verschmähen die Tiere nicht. Das Nahrungsangebot wird durch Feldfrüchte wie Rüben und Kartoffeln, Eicheln, Bucheckern, Kastanien, Obst und verschiedene Pilze ergänzt. Ein Rothirsch nimmt täglich zwischen 8 und 20 Kilogramm Nahrung zu sich, die wie bei anderen Wiederkäuern im Pansen vorverdaut wird. Rothirsche können im Wald große wirtschaftliche Schäden anrichten. Auch deshalb werden sie heute noch gejagt. Die Geweihe sind und waren beliebte Jagdtrophäen. Ihretwegen und wegen des schmackhaften Fleisches wurden die Bestände früher künstlich hoch gehalten.

AUSSICHTEN

Bis zur Rückkehr der Wölfe und der Wiederansiedlung des Luchses hatten die Rothirsche keine natürlichen Feinde in Deutschland, außer den Menschen. Obwohl jedes Jahr rund 60 000 Hirsche erlegt werden, liegt der Gesamtbestand ziemlich stabil bei 180 000 bis 200 000 Tieren. Von einer akuten Gefährdung kann also nicht die Rede sein. Trotzdem wird die Verinselung der rund 80 Vorkommen in Deutschland mehr und mehr zum Problem. Weil ein genetischer Austausch zwischen den einzelnen Populationen kaum noch möglich ist, steigt die Anfälligkeit für Krankheiten und genetische Defekte.

AUF SAFARI

DIE BESTE ZEIT

Die Hirsche halten sich die ganze Zeit über im Gebiet auf. Die spannendste Zeit ist die Brunft, die in der Regel Anfang September einsetzt und etwa fünf Wochen anhält. Da der Beginn der Brunft auch von den Temperaturen vor Ort abhängt, sollte man sich vorher erkundigen, ob die Hirsche noch oder schon röhren.

DAS BASISLAGER

Ausgangspunkt aller Hirschtouren ist das Wildtierland Gut Klepelshagen (Klepelshagen 2, 17335 Strasburg, Tel.: 039753/2970, E-Mail: Wildtierland@deutschewildtierstiftung.de). Die Führungen können auf Anfrage beim Wildtierland gebucht werden. Kurz vorher und nachher ist auch die kleine Ausstellung in der »Botschaft der Wildtiere« geöffnet.

VERSORGUNGSLAGE MÄSSIG

Klepelshagen liegt ziemlich weit ab vom Schuss. Dementsprechend spärlich ist die Infrastruktur. In Klepelshagen selbst gibt es kein Café und kein Restaurant. Solange die Jugendherberge in Gehren geschlossen bleibt, ist der Gasthof »Zum Burgwall« (Burgwall 2, 17335 Strasburg, Tel.: 039753/25288, www.burgwall.com) die einzige Unterkunft in der unmittelbaren Umgebung. Die nächsten Einkaufsmöglichkeiten und Tankstellen finden sich in Strasburg.

ANDERE TIERE

Während man auf die Hirsche wartet, sieht man mit Sicherheit Rehe. Vor allem im direkten Vergleich erkennt man, dass die Rehe viel kleiner und bis zu zehn Mal leichter sind als Hirsche. Auch das Geweih des Rehbocks ist wesentlich kleiner. Auf dem Hinterwiesenweiher besteht eine Kolonie der Trauerseeschwalben. Auf über 40 schwimmenden Brutinseln, die von Mitarbeitern der Deutschen Wildtier Stiftung gebaut wurden, wachsen Jahr für Jahr über hundert Küken auf. Die seltenen Zugvögel sind wegen des Verlustes von Feuchtgebieten in ganz Europa kaum noch zu finden. Während der Brutsaison sind Kopf, Brust und Bauch tiefschwarz gefärbt.

ZUR VORBEREITUNG

www.strasburg.de
www.deutschewildtierstiftung.de
www.gmgk.de (Gourmetmanufaktur Gut Klepelshagen)
www.ukranenland.de

HIN & HER

Mit dem Auto erreicht man das Wildtierland Gut Klepelshagen (Klepelshagen 2, 17335 Strasburg) aus Richtung Berlin und Hamburg bequem über die Ostseeautobahn A 20. Abfahrt an der Ausfahrt Nr. 34 Strasburg. Ab dort den grünen Schildern Richtung Wildtierland folgen.

SCHIESSBAHNEN ZU BÜFFELWEIDEN

WISENTE UND PRZEWALSKI-PFERDE IN DER DÖBERITZER HEIDE

Wenn man auf der B 5 von Berlin Richtung Westen fährt, erwartet man alles Mögliche, aber keine Wildnis. Die Straße ist eine typische zweispurige Ausfallstraße. Dort, wo die Wohnhäuser nicht mehr so dicht und hoch stehen, kommen die Schnellimbisse, Tankstellen, die großen Einkaufszentren und Stände mit Rattanmöbeln.

An der Ausfahrt Elstal fahre ich ab. Die Gegend ist wegen anderer Dinge bekannt. Dort steht das Olympische Dorf von 1936. In der Nähe zieht ein gigantisches Outlet-Center seit einigen Jahren markenbewusste Schnäppchenjäger an. Und vor kurzem hat Karls Erdbeerhof eine Dependance eröffnet. Ausgerechnet hier befindet sich der Zugang zu einem der spannendsten Naturprojekte Deutschlands.

Die Döberitzer Heide, ein rund 5000 Hektar großes Gebiet südlich der Bundesstraße, wurde jahrhundertelang militärisch genutzt. Schon Friedrich der Große ließ dort Manöver abhalten. Kaiserliche Soldaten mit Pickelhauben übten für den Krieg, danach kam die Wehrmacht und schließlich die Rote Armee. Ein kleiner Teil der Fläche ist bis heute Standortübungsplatz der Bundeswehr. 300 Jahren militärischer Nutzung ist es zu verdanken, dass die Heide frei von Siedlungen und unzerschnitten ist. Abgesehen von dröhnenden Panzern und explodierenden Granaten, konnte sich die Natur dort lange Zeit ungestört entfalten. Wegen der zahllosen explosiven Projektile, die kontrolliert oder weniger kontrolliert verschossen und gesprengt wurden, sind heute noch große Flächen der Heide gesperrt. Denn die Munition liegt noch immer dort herum.

Als die Heinz-Sielmann-Stiftung die Döberitzer Heide 2004 der Treuhand abkaufte, war ihr die Munitionsproblematik bekannt. Doch man beschloss, aus der Not eine Tugend zu machen. »Von Anfang an war klar, dass im Zentrum der Fläche eine Wildniskernzone entstehen sollte, die von Menschen nicht betreten würde«, sagt der Geschäftsführer des Projektes, Peter Nitschke. Ich begleite ihn bei einer Kontrollfahrt zu der knapp 2000 Hektar großen Kernzone. Ringsherum liegen noch einmal rund 2000 Hektar Naturerlebniszone, durch die verschiedene Wanderwege führen. Warum die Sielmann-Stiftung damals viel Geld für einen mit Munition belasteten ehemaligen Truppenübungsplatz ausgegeben hat, ist schnell erklärt: »Hier kommen 5000 verschiedene Tier- und Pflanzenarten vor, die an anderen Orten vielfach verdrängt wurden«, sagt Nitschke. Allein 2000 Käfer- und 600 Schmetterlingsarten fühlen sich hier wohl. Hinzu kommen Wiedehopf und Steinschmätzer und viele andere geschützte Arten. Wegen der militärischen Nutzung blieb ein abwechslungsreiches Mosaik aus Lebensräumen mit Trockenrasen, Heiden, Mooren, Laubmischwäldern, Feuchtwiesen, Röhrichten und Gewässern erhalten.

Die Döberitzer Heide ist ein Refugium für Tiere, die mit besonders trockenen und nährstoffarmen Standorten gut zurechtkommen. Der Truppenübungsplatz wurde auf teils recht sandigem Boden errichtet, der für die Landwirtschaft kaum taugte. Weil die Flächen nicht gedüngt wurden, blieben ihre Eigenarten bis heute erhalten. Eine weitere Besonderheit ist der hohe Anteil lichter Wälder und offener Landschaften. Dort, wo Panzer fuhren oder Granaten detonierten, konnte sich kein geschlossener Wald bilden.

»Die schwierige Aufgabe für uns besteht darin, den halboffenen Charakter der Landschaft dauerhaft zu erhalten«, sagt Nitschke. Überlässt man die Flächen sich selbst, dauert es nicht lange, und Wald macht sich breit. Anderswo könnte man ihm mit schwerem Gerät und fleißigen Helfern zu Leibe rücken. Wegen der Munitionsbelastung fällt diese Option hier allerdings flach.

»Bei uns sollen deshalb Wisente, Przewalski-Pferde und Rotwild diese Aufgabe übernehmen«, sagt Nitschke. Nach der sogenannten Megaherbivoren-Hypothese ist es Wisenten, Auerochsen, Wildpferden und anderen großen Pflanzenfressern in vorgeschichtlicher Zeit gelungen, das Zuwachsen des gesamten Landes mit Wald zu verhindern. Erst als die großen Weidetiere ausgerottet oder stark dezimiert waren, hatten die Bäume freie Bahn. Kommen Wisent und Co. aber in Mannschaftsstärke zurück – so zumindest die Theorie, die in der Wildniskernzone dem Praxistest unterzogen werden soll –, können sie die Bäume wieder in Schach halten. Das Experiment läuft seit 2010. Jedes Jahr kommen weitere Tiere hinzu, mittlerweile sind es mehr als 150.

Nitschke stoppt seinen Geländewagen an einem lichten Waldstück, vor einem Elektrozaun. »Dahinten stehen die Przewalski-Pferde und ein Stück daneben die Wisente«, sagt er. Tatsächlich. Neben dem Herbstlaub der Bäume zeichnet sich das cremefarbene Fell der Pferde deutlich ab. Die dunkelbraunen Wisente sind schwerer auszumachen, aber auch sie entdecke ich nach einigem Suchen.

Als Nitschke ruft, kommen die Tiere langsam in Richtung Zaun getrottet. »Das hier ist die Eingewöhnungszone«, sagt er. »Hier können sich die Tiere für ein paar Monate an die neue Umgebung gewöhnen, bevor sie in die Wildnis entlassen werden.« Es sind acht Pferde und drei Wisente, die sich langsam und gemächlich in Richtung Zaun bewegen. Die Tiere halten engen Kontakt zu ihren Artgenossen. Obwohl es eine kleine Gruppe ist, hat es etwas Erhabenes, sie durch den Wald schreiten zu sehen. Die Frage, ob sie auf einer saftigen Weide nicht besser aufgehoben wären, stellt sich erst gar nicht. Das Przewalski-Pferd war

AUS ZWÖLF MACH TAUSENDE

Beim Wisent begannen die internationalen Schutzbemühungen bereits 1923. Bis ins 20. Jahrhundert konnten sich nur im Wald von Bialowieza (heutiges Polen und Weißrussland) Wisente halten. 1915 gab es dort noch etwa 770 Tiere. In den Wirren des Ersten Weltkrieges und der Nachkriegszeit ging dieser letzte frei lebende Bestand komplett verloren. 1923 wurde in Berlin die Internationale Gesellschaft zur Erhaltung des Wisents gegründet. Sie hatte das Ziel, mit Wisenten, die in Zoos und Gehegen gehalten wurden, eine Erhaltungszucht zu beginnen. Von den insgesamt 54 Tieren waren nur noch zwölf zur Zucht geeignet, darunter der letzte Bulle der Unterart Bergwisent, so dass es bei der Erhaltungszucht zu einer Vermischung der beiden Unterarten und vereinzelt auch zum Einkreuzen von amerikanischen Bisons kam. Mittlerweile gibt es wieder mehr als 3000 Wisente. Die Zuchtbemühungen gehen aber unvermindert weiter.

Beim Przewalski-Pferd begannen die koordinierten Bemühungen zur Erhaltungszucht 1959. Zu diesem Zeitpunkt war die Art in freier Wildbahn schon fast ausgestorben. Gründe dafür waren unter anderem der zunehmende Nutzungsdruck des Lebensraums durch den Menschen und seine Haustiere, zwei extrem harte Winter und die Übertragung von Krankheiten durch Haustiere. In Zoos fanden sich 41 Przewalski-Pferde, von denen zwölf noch zur Zucht geeignet waren. 1980 gab es wieder 416 Przewalski-Pferde, 1994 etwa 1400. 1997 wurden die ersten Tiere in der Mongolei ausgewildert. Heute liegt der Gesamtbestand bei knapp 4000 Tieren. 500 von ihnen sind aktiv am Zuchtprogramm beteiligt, das deutlich rigider ist als bei den Wisenten.

Naturschutzgebiet
und
hemaliges militärisches Übungsgelände
Von der Fläche können erhebliche Gefahren
für Leben und Gesundheit ausgehen!
sbesondere von:
- Einsturzgefährdeten Bauwerken
- Unterirdischen Anlagen
- Munition und Munitionsteilen
Das Betreten
es Gebietes ist nur auf ausgewiesenen Wegen gestattet!
Wir bitten um Ihr Verständnis!
Sielmanns Naturlandschaft
Döberitzer Heide gGmbH

ursprünglich in den Steppen Asiens zu Hause. Die europäische Unterart des Wildpferdes, der Tarpan, zog noch bis in die frühe Neuzeit durch die Waldgebiete. Nun übernehmen die Przewalski-Pferde als letzte verbleibende Wildpferde in der Döberitzer Heide den Job, den früher ihre ausgerotteten Vorfahren machten.

Jetzt sind die Tiere so nah, dass man sie in aller Ruhe betrachten kann. Die Wildpferde sind klein und kompakt und haben sehr kräftige Schädel. Sie sind in der Mitte rötlichbraun und werden an allen Körperenden deutlich dunkler. Das Maul sieht aus, als hätten es die Tiere in einen Eimer mit Mehl gesteckt. Als ich mich gerade daran erfreue, dass die feuchten Nasen der Wisente aus fast jedem Blickwinkel golden schimmern, macht Peter Nitschke mich auf eine Besonderheit im Verhalten beider Arten aufmerksam.

Ein Przewalski-Pferd steht auf einem Hügel und beißt einen kleinen Eichenast ab. Vorsichtig kaut es so lange darauf herum, bis alle Blätter abgezupft sind. Dann spuckt es den Ast wieder aus. Ein Stück weiter schubbert sich ein Wisent an einer kahlen jungen Birke, die offenbar schon häufiger als Kratzbaum herhalten musste. Als er mit dem schweren Kopf gegen die Äste drückt, brechen einige ab und fallen zu Boden. Wenn man darauf achtet, entdeckt man an verschiedenen Stellen in der Eingewöhnungszone umgeknickte oder abgeschälte Bäume. »Die Tiere machen genau das, was wir von ihnen erwarten. Zumindest punktuell halten sie die Bäume kurz«, sagt Nitschke. Wie gründlich sie dabei sind, macht ein Blick auf eine benachbarte Fläche deutlich: Wo die Beweidung durch die großen Pflanzenfresser fehlt, wachsen viel mehr Bäume nach, das Unterholz ist deutlich dichter.

Wir fahren weiter. Die Kernzone schließt direkt an die Eingewöhnungszone an. Wenn es so weit ist, braucht man nur ein paar Gatter zu öffnen, und die Tiere können in die »richtige« Wildnis wechseln. Auch diese knapp 2000 Hektar große Fläche ist mit einem Elektrozaun gesichert. Auf einem 22 Kilometer langen Sandweg kann man einmal um das Gebiet herumwandern. An der sogenannten »Wüste« steigen wir noch einmal aus. Von einem leicht erhöhten Aussichtspunkt überblickt man eine weite offene Fläche, die in der Ferne von einer bewaldeten Anhöhe begrenzt wird. Bei einem früheren Besuch hatte ich von hier aus ein paar spielzeuggroße Wildpferde ausmachen können. Dieses Mal zeigt sich kein Tier. »In der Wildniszone Przewalski-Pferde oder Wisente zu sehen ist noch reine Glückssache«, sagt Nitschke und deutet auf die Baumlinie, die schon sehr, sehr weit von unserem Standort entfernt liegt. Die Fläche, die man von hier überblicken kann, macht nur ein Fünftel der Gesamtausdehnung aus. »Hier bekommt man ein gutes Gefühl dafür, wie groß die Kernzone tatsächlich ist«, sagt Nitschke.

Das Einzige, was die Fläche von einer vollkommenen Wildnis unterscheidet, ist der Zaun, der sie begrenzt. Und der ist nötig, sagt Nitschke, aus Sicherheitsgründen. Damit Pilzsucher nicht einfach auf die munitionsbelastete Fläche laufen oder plötzlich ein Wisent auf der Bundesstraße steht. Für besonders wahrscheinlich hielte er ein Ausbüxen der Tiere allerdings nicht. »Die wollen nicht weg. Die haben hier ja alles, was sie brauchen, Futter, Wasser und die Möglichkeit, sich fortzupflanzen.«

Die Tiere bleiben hier fast vollständig sich selbst überlassen. Es gibt keine Zufütterung, keine

Forstwirtschaft, keine häufigen vorgeschriebenen veterinärmedizinischen Kontrollen. Wilder geht es in Deutschland nicht. Eine Inzestkontrolle durch den Menschen gibt es innerhalb der Kernzone bislang nicht. »Das regeln die Tiere normalerweise selbst«, sagt Nitschke. Wenn die Geschlechtsreife eintritt, verstoßen die Mütter ihre Kinder aus der Gruppe. Die Kühe schließen sich einer anderen Gruppe an, die aller Wahrscheinlichkeit nach auch von einem anderen Bullen gedeckt wird. »In ein paar Jahren werden wir aber bestimmt ein paar Bullen austauschen, um das Blut in der Gruppe aufzufrischen«, sagt Nitschke.

Bei den Pferden hat man die Hengste allerdings sterilisiert, um Inzucht zu vermeiden. Auf der 2000 Hektar großen Fläche weiden neben Tieren, die vom Erscheinungsbild und dem Genotyp nicht ganz dem Idealbild entsprechen, auch solche, die sich bereits mehrfach fortgepflanzt haben. »Die werden aus dem Zuchtprogramm genommen, damit sie im Genpool der Pferde nicht überrepräsentiert sind, und verbringen bei uns ihr wohlverdientes Altenteil«, sagt Nitschke. Damit sind gleich zwei bis drei Fliegen mit einer Klappe geschlagen: Für das internationale Zuchtprogramm ist es wichtig, dass es Orte wie die Döberitzer Heide gibt, an denen überzählige Tiere unterkommen können. Und dazu übernehmen sie vor den Toren Berlins eine wichtige ökologische Funktion und machen Besucher auf das Schicksal ihrer bedrohten Art aufmerksam.

Wir verlassen den Aussichtspunkt und folgen dem Weg noch ein Stück, bevor wir wieder umdrehen. Immer schön am Zaun entlang. Das Gebiet ist so groß wie ein kleines Tierreservat in Afrika. Natürlich würde man gerne wie dort im Safari-Jeep über die Wüste brettern und den Pferden und Rindern nachspüren. Andererseits ist es auch ein erhebendes Gefühl, dass auf der anderen Seite des Zauns eine Wildnis beginnt, die ja gerade auch deshalb so urtümlich ist, weil man sie nicht betreten kann.

Trotzdem will man die Tiere natürlich sehen. Gute Chancen dazu hat man in der Eingewöhnungszone, vor allem, wenn man an einer der Führungen teilnimmt, die die Sielmann-Stiftung auf Anfrage anbietet. Außerdem gibt es noch das Schaugehege, an dem mich Peter Nitschke nach unserer Rundfahrt absetzt. Auf einer Fläche von insgesamt 36 Hektar leben hier drei Zuchtgruppen von Wisenten, Przewalski-Pferden und Rothirschen. Jede Art hat für sich ein circa acht Hektar großes Gehege, also sehr viel Platz, um sich auszutoben oder zu verstecken.

Bei den Rothirschen ist gerade einiges los: Ein junger Hirsch ist der Gruppe von Hirschkühen etwas zu nahe gekommen, und dem Platzhirsch schmeckt das gar nicht. Mit gesenktem Kopf stürmt er auf den Jungen zu, der sofort Reißaus nimmt.

In den anderen Gehegen stehen Wisente und Przewalski-Pferde etwas weiter vom Zaun entfernt. Wegen der Größe der Gehege empfiehlt es sich, pünktlich zum täglichen Schaufüttern zu kommen. Um 14.30 Uhr schnappt sich ein Tierpfleger einen großen Eimer mit Möhren und beginnt damit, die Möhren über den Zaun zu werfen. Bald schon sieht man die ganze Herde nur ein paar Schritte entfernt mampfen. Die Gruppe besteht aus einem Hengst, vier Stuten mit Fohlen und dem Nachwuchs aus dem Vorjahr. Sie ist Bestandteil des europäischen Erhaltungsschutzprogramms EEP, spielt also eine wichtige Rolle bei der Rettung der Przewalski-Pferde. 2012 wurden sogar zwei Stuten aus der Döberitzer Heide für ein Auswilderungsprojekt ausgewählt. Mit möglichst vielen gesunden Fohlen sollen sie im Gobi-B-Nationalpark in der Mongolei dabei helfen, einen wilden Pferdebestand wieder aufzubauen, der durch einen extrem harten Jahrhundertwinter im Jahr 2010 dramatisch zusammengeschrumpft war.

Nach den Pferden kommen die Wisente dran, die sich ebenfalls über die Möhren hermachen. Auch die Wisente sind in das internationale Zuchtprogramm eingebunden. Eine der Kühe, die 2012 im Rothaargebirge ausgewildert wurde, kommt aus Elstal. Vor allem aber soll mit dem Nachwuchs aus dem Wisent- und Hirschgehege der Tierbestand in der Wildniszone weiter aufgebaut werden. Aktuell leben dort rund 150 große Pflanzenfresser. Mit einer genauen Zahl, wie viele Megaherbivoren die Zone verkraften kann, bevor sich die Tiere gegenseitig auf die Paar- und Unpaar-Hufe treten, will Peter Nitschke nicht aufwarten. Er ist sich aber sicher, dass dort einige hundert Tiere Platz finden können.

Wer in Zukunft durch die Döberitzer Heide wandert, blickt also nicht nur auf ein unberührtes Stück Wildnis. Er wird auch immer größere Chancen haben, auch außerhalb von Schaugehegen und Eingewöhnungszonen Tieren bei der Arbeit zuzusehen, die für den Erhalt dieser seltenen Landschaft sorgen.

WISSENSWERTES

WER

Der Wisent (Bison bonasus) sieht aus wie ein Tier, das im Fitnessstudio ein bisschen zu einseitig trainiert hat: Die vordere Hälfte ist im Vergleich zum Hinterteil sehr kräftig und muskulös. Dieser Eindruck wird durch Kehlbart, Mähne und den stark abfallenden Rücken noch verstärkt. Er ist das letzte überlebende europäische Wildrind Die Bullen können über 800 Kilogramm schwer werden und haben eine Schulterhöhe von rund 1,80 Meter. Wisente haben ein dichtes, lockiges braunes Fell und relativ kleine Hörner.

Das Przewalski-Pferd (Equus ferus przewalski) ist das einzige Wildpferd, das bis heute überlebt hat. Es ist ein eher kleines, sehr kräftiges Pferd mit cremefarbenem Fell, Aalstrich und dunkler Stehmähne. Bis auf einige Zootiere war die Art so gut wie ausgestorben, das letzte frei lebende Przewalski-Pferd wurde 1968 in der Mongolei gesichtet. Mittlerweile gibt es erfolgreiche Nachzuchten und Auswilderungsversuche. Auch in Deutschland leben in verschiedenen Naturschutzprojekten wilde Przewalski-Pferde, die dort den Platz einnehmen sollen, den früher das im 19. Jahrhundert ausgerottete europäische Wildpferd innehatte.

WO

Die Döberitzer Heide im Westen von Berlin ist ein ehemaliger Truppenübungsplatz, der mehr als 200 Jahre militärisch genutzt wurde. 2004 erwarb die Heinz-Sielmann-Stiftung einen Großteil der Fläche. In einer 2000 Hektar großen Wildnis-Kernzone werden mehr als 150 Wisente, Przewalski-Pferde und Rothirsche fast ohne menschlichen Einfluss gehalten.

BESONDERES

Przewalski-Pferde und Wisente sind Leidensgenossen. Beide Arten waren schon so gut wie ausgestorben. Anfang beziehungsweise Mitte des 20. Jahrhunderts gab es jeweils nur noch zwölf fruchtbare Tiere. Alle heutigen Wisente und Przewalski-Pferde gehen auf diese winzige Gründungspopulation zurück.

ALTER

In Ausnahmefällen können Wisentkühe 25 Jahre alt werden. Die Lebenserwartung der Bullen liegt etwas darunter. Przewalski-Pferde wurden in Gefangenschaft schon 34 Jahre alt. In freier Natur ist die Lebenserwartung niedriger.

SEX & SOZIALES

Bei den Wisenten in der Döberitzer Heide haben sich drei Muttergruppen gebildet: eine große mit mehr als 30 Tieren und zwei kleinere mit fünf bis sieben Tieren. Die Jungbullen haben sich zu einer Junggesellengruppe zusammengeschlossen. Die starken geschlechtsreifen Bullen leben einzelgängerisch und schließen sich nur zur Paarungszeit von August bis Oktober den Kühen an. Die Kälber werden in der Regel zwischen April und Juli geboren.

Bei den Przewalski-Pferden in der Döberitzer Heide gibt es eine Junggesellengruppe und mehrere Stutengruppen, die von jeweils einem Hengst zusammengehalten werden. Was es allerdings nicht gibt, ist Nachwuchs. Die Hengste sind kastriert oder sterilisiert. Das liegt an den strengen Zuchtbestimmungen für Przewalski-Pferde. Für die Zucht muss 100-prozentig klar sein, welcher Hengst welche Stute gedeckt hat.

KULINARISCHES

Wisente und Przewalski-Pferde ernähren sich von Gräsern, Sträuchern, den jungen Trieben und der Rinde von Bäumen. Das Fleisch von Wisenten soll relativ zart sein und im Geschmack ein bisschen an Wild erinnern. Im Vergleich zu anderen Fleischarten ist es sehr fettarm.

AUSSICHTEN

Von ihrem absoluten Minimum mit nur noch zwölf fruchtbaren Tieren haben sich beide Arten mittlerweile erholt. 2006 gab es etwa 3200 reinblütige Wisente, davon 420 in Deutschland und rund 60 Prozent in freilebenden Populationen. Langfristiges Ziel ist ein Gesamtbestand von 6000 wild lebenden Wisenten. Anfang 2013 wurden in Deutschland acht Wisente im Rothaargebirge ausgewildert. In Osteuropa gibt es schon über 30 frei lebende Populationen, zum Teil mit rund 100 Tieren. Um Inzucht zu vermeiden, müssen immer wieder Tiere zwischen den einzelnen Populationen getauscht werden. Mittlerweile gibt es weltweit wieder knapp 4000 Przewalski-Pferde. 1997 wurden die ersten Tiere in der Wüste Gobi (Mongolei) ausgewildert. Heute leben dort wieder rund 130 Przewalski-Pferde. In einem zweiten Gebiet in der Mongolei leben dank Auswilderungen heute auch wieder rund 250 Tiere. In der ungarischen Puszta wird derzeit eine Herde aufgebaut. Weil es so wenige sind und die Inzuchtgefahr entsprechend groß ist, bleiben Wisente und Przewalski-Pferde jedoch weiterhin akut vom Aussterben bedroht. Zum Vergleich: Allein in Deutschland gibt es 180 000 bis 200 000 Rothirsche, und das, obwohl jedes Jahr etwa 60 000 Tiere geschossen werden.

AUF SAFARI

DIE BESTE ZEIT

Die Wisente und Przewalski-Pferde können das ganze Jahr über beobachtet werden. Im Schaugehege sind die Sichtungen garantiert.

DAS BASISLAGER

Ausgangspunkt für die Safari ist das Schaugehege der Sielmann-Stiftung. Der Eingang erfolgt über Karls Erlebnis-Dorf (Zum Erlebnis-Dorf 1, 14641 Wustermark, Tel.: 033234/22223, www.sielmann-stiftung.de/projekte/sielmanns-naturlandschaften/doeberitzer-heide). Das Schaugehege ist ganzjährig geöffnet.

VERSORGUNGSLAGE MITTELPRÄCHTIG

Rund um Elstal gibt es nur einige Hotels. Berlin ist allerdings auch nicht weit. Verpflegung können die Besucher unter anderem in Karls Erlebnis-Dorf finden.

ANDERE TIERE

In der Döberitzer Heide fühlen sich viele Arten wohl, darunter auch so seltene wie der Wiedehopf. Mit ziemlicher Sicherheit sieht man Raben und hört ihre sonoren Rufe. Bei einem Besuch vollführte ein Rabe direkt vor meinen Augen ein waghalsiges Kunststück: In vollem Flug drehte er sich einmal um die eigene Achse, einfach nur, weil er es konnte.

ANDERE ORTE

In direkter Umgebung der Döberitzer Heide gibt es mehrere kuriose Orte, deren Besuch sich lohnt: Karls Erlebnisdorf wurde im Mai 2014 eröffnet (Zum Erlebnis-Dorf 1, 14641 Wustermark, Tel.: 033234/243030, www.karls.de). Die Besucher erwartet dort unter anderem ein großer Bauernmarkt mit rustikaler Küche, mehrere Spielplätze und ein Irrgarten. Der Eingang zu den Schaugehegen der Sielmann-Stiftung erfolgt über das Gelände des Erlebnisdorfes.

In Elstal liegt auch das Athletendorf der Olympischen Spiele von 1936 (www.dkb-stiftung.de/Das_Olympische_Dorf_von_1936.32.htm). Es finden regelmäßig Führungen über das große Gelände mit den zum Teil noch gut erhaltenen Gebäuden statt.

ZUR VORBEREITUNG

www.sielmann-stiftung.de/projekte/sielmanns-naturlandschaften/doeberitzer-heide

HIN & HER

Die Sielmanns Naturlandschaft Döberitzer Heide und das Schaugehege sind gut erreichbar über die A 10 (Abfahrt Spandau) und über die B 5 (Abfahrt Elstal/Olympisches Dorf/Sielmann Stiftung).
Mit dem Zug: Vom Bahnhof Elstal erreicht man das Schaugehege nach 20-minütigem Fußweg.

GARLITZ
S. 118–133
8

DIE GUTE OPTIK IST ENTSCHEIDEND

GROSSTRAPPEN IM HAVELLÄNDISCHEN LUCH

Wenn Großtrappen eine Zeitmaschine in die Flügel bekämen, würden sie vermutlich sofort ihre Siebensachen packen, einsteigen und ein gutes Stück zurückfliegen. Bloß weg hier. Denn fast allen Tieren ging es irgendwann mal deutlich besser als heute.

Die meisten würden eine Zeit wählen, in der die Menschen noch nicht jeden Winkel der Natur durchdrungen und bezwungen hatten. Eine Zeit, in der die Siedlungen kleine Inseln im weiten Meer der unberührten Natur waren, nicht umgekehrt. Die Großtrappe würde wohl schon im 17. oder 18. Jahrhundert aus der Zeitmaschine aussteigen. Was sie als überzeugter Steppenvogel nämlich zum Wohlfühlen braucht, sind weite, offene Flächen, über die sie kilometerweit nach möglichen Feinden Ausschau halten kann.

Noch vor 100 Jahren fand sie deshalb in weiten Teilen Deutschlands ziemlich gute Bedingungen vor: Die Menschen waren so nett gewesen, den Großteil der störenden Bäume für sie abzuholzen, Feuchtgebiete zu entwässern und auf den Flächen Felder und Weiden anzulegen.

Hätten die Trappen etwas zu sagen gehabt, hätten sie diesen Zustand der extensiven Landwirtschaft für immer festgeschrieben. Aber es kam anders: Der Mensch erfand Insektizide, immer größere Maschinen und Kunstdünger, mit dem es möglich wurde, die Felder jedes Jahr aufs Neue ohne Unterbrechung unter den Pflug zu nehmen. Die Erfolge der optimierten Landwirtschaft führten zum Niedergang der Trappen und anderer Arten, die sich auf ein halbwegs ungestörtes Leben auf dem Feld eingestellt hatten. Immer mehr Trappengebiete gingen verloren, bis am Ende nur noch eine einzige Population übrig blieb, die sich auf drei Gebiete im westlichen Brandenburg und im angrenzenden Sachsen-Anhalt verteilt.

Wer heute in Deutschland Trappen beobachten möchte, hat es mit der Ortswahl leicht: Die besten Orte, um die seltsamen Vögel bei der Balz zu beobachten, sind Buckow und Garlitz im Havelland. Es sind nämlich in sehr, sehr weitem Umkreis die einzigen Orte, an denen man Trappen überhaupt noch zu Gesicht bekommt.

Wer die Vorliebe der Vögel für die gute alte Landwirtschaft kennt, stellt sich vermutlich vor, dass die Zeit in den letzten Trappengebieten irgendwie stehen geblieben sein muss. Völlig falsch liegt man damit nicht: Nachdem man die riesigen Windparks der Nauener Platte passiert hat, werden die Dörfer, die man auf verschlungenen Wegen von Berlin zu den Trappen durchquert, immer kleiner und beschaulicher. Garlitz und Buckow sind geradezu winzig, die nächstgelegene »größere« Stadt ist mit Rathenow auch nicht gerade eine Berühmtheit. Das Land ist dünn besiedelt und durch die Landwirtschaft geprägt. Wie der Name Havelländisches Luch verrät, handelt es sich bei dem letzten Rückzugsgebiet der Trappen um ein ehemaliges Feuchtgebiet, das vor mehr als hundert Jahren leidlich trockengelegt wurde. Viele Flächen sind für den normalen Ackerbau deshalb nicht zu gebrauchen, sondern taugen nur als Viehweide.

Ich quartiere mich in einem Bauernhof in der Nähe von Garlitz ein. Der nächste Nachbar wohnt mehrere hundert Meter entfernt, zur nächsten Pension ist es noch viel, viel weiter. Obwohl die Landschaft schön und die Möglichkeit der Trappensichtung deutschlandweit einzigartig ist, kommt der Tourismus in der Region erst langsam in Schwung. Aber immerhin gibt es im näheren Umfeld der Trappen mittlerweile eine Handvoll Übernachtungsmöglichkeiten und sogar zwei Restaurants.

In der Morgendämmerung fahre ich los. Mehrere Kraniche stehen auf einem abgeernteten

Maisfeld. Ein Storchennest auf einem hohen gemauerten Schornstein ist bereits besetzt. Ich komme an ausgedehnten Wiesen vorbei und überquere eine Bahntrasse. Die ICE aus Berlin und Hannover rauschen hier durch – halten aber auch in Rathenow schon lange nicht mehr.

Die flache Landschaft, aus der sich hin und wieder kleine Hügel erheben, ist nicht spektakulär, aber auf eine beschauliche Art schön. Vor allem in Garlitz, das von Naturschutzgebieten umschlossen ist, sind die historischen Dorfstrukturen weitgehend erhalten geblieben. Viele der Bauernhäuser sind frisch renoviert. Man ruckelt über Kopfsteinpflaster an alten Kirchen, schönen Bauerngärten und Streuobstwiesen vorbei. Deshalb hat es in den vergangenen Jahren auch einen Zustrom von jungen Familien und Kreativen gegeben. So haben sich allein in Garlitz einige Künstler, Schauspieler, mehrere Biobauern und ein Käsemacher niedergelassen.

Der beste Ausgangspunkt einer Trappen-Safari liegt wenige Kilometer hinter Garlitz an der Staatlichen Vogelschutzwarte in Buckow. Sie ist die Wiege und bis heute das Zentrum des deutschlandweiten Trappenschutzes. Außerdem gibt es dort eine kleine Ausstellung, in der man alles Wissenswerte über die Trappe und die merkwürdige Metamorphose der Hähne im Liebesrausch erfährt. Es ist halb sieben, und ich bin mit Henrik Watzke verabredet. Der Biologe ist hauptamtlicher Geschäftsführer des Fördervereins Großtrappenschutz und damit deutschlandweit vermutlich der Einzige, der seine Brötchen ausschließlich mit Trappen und ihrem Schutz

DIE GROSSTRAPPEN UND DIE SCHNELLBAHNSTRECKE

Wer mit dem ICE von Berlin Richtung Hannover fährt und sechs Minuten hinter Spandau aus dem Fenster blickt, sieht ein gewaltiges Heer an Windkraftanlagen. Noch einmal sechs Minuten später zieht ein ziemlich hoher, steiler Wall vorbei, der nur ab und zu den Ausblick auf eine flache, windmühlenleere Landschaft erlaubt. Bei seinem Bau Mitte der 90er Jahre erlangte der Wall eine gewisse Berühmtheit. Er wurde zum Schutz der Großtrappe angelegt, von der 90 Prozent der Bevölkerung vorher mutmaßlich noch nie etwas gehört und 99,9 Prozent noch nie etwas gesehen hatten. 30 Millionen Euro hat der Wall gekostet. Die Aufgabe, die er bewältigen soll, ist simpel – eine Art gesicherter Bahnübergang. Schließlich führt die neue ICE-Strecke mitten durch das letzte Brutgebiet der streng geschützten Tiere. Die Steppenvögel sollen in ihrer vertrauten Umgebung weiter über die neu angelegte ICE-Trasse fliegen können, ohne dabei Gefahr zu laufen, nähere Bekanntschaft mit einer Stromleitung oder einem der Züge zu machen. Die Rechnung der Planer ging auf. Einem Zug ist noch keiner der Vögel zum Opfer gefallen. Das künstliche Hindernis wird wie erhofft im hohen Bogen überflogen. Weil es damals nur noch etwa 15 Trappen in dem Gebiet gab, konnte man eine schöne Rechnung über Aufwand und Nutzen des Artenschutzes aufmachen: Was sind wir bereit, für den – übrigens gesetzlich vorgeschriebenen – Erhalt einer Art auszugeben? 30 Millionen Euro für 15 Trappen. Ist es das wirklich wert? Kann man so viel Geld nicht sinnvoller ausgeben? Würde uns wirklich so viel fehlen, wenn die Großtrappe in Deutschland ausstirbt? In anderen Ländern gibt es schließlich auch noch welche.

Diese Frage muss letztlich jeder für sich selbst beantworten. Und wenn man schon mal dabei ist, kann man sich gleich noch überlegen, ob es fair ist, dass der Überlebenskampf von Tiger, Orang-Utan oder Nashorn zu Recht eine so große mediale Aufmerksamkeit findet, die letzte Großtrappe vor der eigenen Haustür von den Menschen jedoch kaum wahrgenommen wird.

verdient. Der Verein arbeitet eng mit der Vogelschutzwarte zusammen, die die Schutzmaßnahmen koordiniert. Gemeinsam fahren wir zu dem Beobachtungsturm, der zwischen Buckow und Garlitz liegt und von der Landstraße – ausgeschildert – über einen Feldweg gut zu erreichen ist. Wir stellen den Wagen vor dem Turm auf dem kleinen Parkplatz ab, auf dem bestimmt nicht mehr als acht Fahrzeuge Platz finden. Ein Ehepaar aus Bonn hat sich trotzdem schon um halb vier Uhr morgens von Neuruppin aus auf den Weg gemacht, um in Buckow Morgenstimmung, Sonnenaufgang und Trappen zu genießen.

Durch die heruntergeklappten Sichtblenden schauen wir auf ein großes Halbrund von Wiesen und Feldern, das von Bäumen und Häusern eingefasst ist. Auf der anderen Seite erkennt man die Häuser von Buckow. Die Fläche dazwischen ist ziemlich weit und unübersichtlich. Wenn sie es darauf anlegte, wäre es hier selbst für die größte Trappe ein Leichtes, sich unsichtbar zu machen. Aber zum Glück ist ja gerade Balzzeit. Das heißt, die Hähne wollen gesehen werden und den Hennen um jeden Preis zeigen, wie gut ihr Gefieder in Schuss ist und wie sehr sie den Rhythmus im Blut haben. Vor dem Turm und in direkter Nachbarschaft der Dörfer tummelt sich zur Paarungszeit gut ein Drittel aller Trappen in Deutschland – 50 riesige Vögel.

An den verschiedensten Stellen im weiten Grün leuchten weiße Punkte auf. Mit bloßem Auge sieht es aus, als würde irgendwo auf der Wiese ein gewaltiges Maiskorn zu Popcorn transformieren. Durchs Fernglas aber sieht man, dass ein großer Trapphahn dahintersteckt, der sich aufplustert und die Flügel umklappt. Und erst beim Blick durch ein Spektiv wird deutlich, welche merkwürdige und spektakuläre Metamorphose sich da tatsächlich vollzieht. Henrik Watzke macht mich auf einen Vogel aufmerksam, der kurz vor der Verwandlung steht: Eben stolzierte der Hahn mit hochgerecktem Hals und aufmerksamem Blick noch halbwegs normal über die Wiese. Jetzt fächert er die Schwanzfedern auf, und die schneeweiße Unterseite kommt zum Vorschein. Er klappt seine Flügel um und zeigt auch dort strahlendes Weiß. Zum Schluss schwillt sein Hals auf ein Vielfaches der normalen Größe an, die Haut leuchtet blau, die Bartfedern stehen wirr abgespreizt links und rechts der Stelle, an der sich gerade noch der Kopf befand. Der jedoch ist mittlerweile so weit nach hinten gebogen, dass er beinahe im Gefieder verschwindet. Dieses merkwürdig kopflose Wesen, dass da kräftig auf den Boden stampft und sich rhythmisch im Kreis dreht, könnte problemlos als Außerirdischer oder Wolpertinger durchgehen, wird aber von den anderen Hähnen und Hennen offenbar immer noch als Trappe erkannt und akzeptiert.

Für das menschliche Gehör vollzieht sich dieses bemerkenswerte Schauspiel vollkommen lautlos. Die Hennen in der Nähe lassen sich dagegen durch das regelmäßige Ploppen der Kloake (das Geschlechtsorgan aller Vögel, das, wie im Namen schon anklingt, auch für den Abtransport des Vogelkotes zuständig ist) und die hochgepeitschte Pulsfrequenz der Hähne betören. Für die Hähne bedeutet die Balz also tatsächlich eine gewaltige Anstrengung. Und gerade das ist ja auch Sinn der Übung.

Wer das prächtigste Gefieder präsentiert, am heftigsten balzt, sich am stärksten verausgabt –

verausgaben kann –, ist fit genug, um ein würdiger Vater zu werden. Bei den Trappen ist es wie bei vielen anderen Arten auch. Die stärksten und ausdauerndsten Männchen machen am Ende das Rennen. Und sie sehen ja auch wirklich imponierend aus, wie sie erhaben über die Wiese schreiten und sich in Ekstase balzen. Am Ende aber sind es die viel kleineren und unscheinbareren Weibchen, die entscheiden, welchem von ihnen sie ihre Gunst erweisen.

Ich genieße die frischen Morgenstunden auf dem Beobachtungsturm. Die Trappen gehen weitgehend lautlos ihren Beschäftigungen nach, und ich kann ihnen entspannt dabei zuschauen. Außerdem sieht und hört man auf den Wiesen und rund um den Turm noch vieles mehr: Jede Menge Rehe waten durch das hohe Gras, Feldlerchen singen hoch oben am Himmel, und Rauchschwalben zwitschern direkt neben uns im Turm. Man sieht Wiesenweihen und kann – wenn man sich ein bisschen auskennt – auch Grauammern, Bluthänflinge oder Blaukehlchen entdecken. Zum Glück sitzt mit Henrik Watzke ein versierter Ornithologe neben mir, der alle Arten, die uns über den Weg fliegen, beim Namen nennen und darüber hinaus aus dem Nähkästchen des mühsamen Trappenschutzes plaudern kann.

Mein Blick schweift vom Beobachtungsturm nach links und bleibt an einem massigen Zaun hängen, der in der Landschaft steht und ein großes Stück Wiese umschließt. Weil in der Mitte der Umzäunung ein hoher Wachturm steht, sieht das Ganze ein wenig nach Gefängnis oder Umerziehungslager für verhaltensauffällige Trappen aus. In Wirklichkeit handelt es sich um eine Art Gated Comunity, die den Vögeln das Überleben in freier Natur überhaupt erst möglich macht. »Die Trappen haben hier mit vielen Gefahren zu kämpfen«, meint Watzke. Das Ende der guten alten Landwirtschaft und der Verlust an geeignetem Lebensraum gehören ebenso dazu wie der Jagddruck durch Raubtiere wie Fuchs, Waschbär, Mink und Marderhund. »Als Bodenbrüter sind die Trappen durch solche Prädatoren besonders gefährdet«, sagt Watzke.

Ursprünglich war die Umzäunung, die direkt nach der Wende mit Segmenten des ehemaligen DDR-Grenzzaunes errichtet wurde, Teil des Auswilderungsprogramms der staatlichen Vogelschutzwarte. Junge Trappen, die im Brutkasten ausgebrütet und von Menschenhand großgezogen worden waren, sollten dort langsam an das Leben in der Natur gewöhnt werden. Aber auch unter den übrigen Trappen (und anderen Bodenbrütern wie Wiesenweihen oder Stockenten) sprach sich schnell herum, dass man hinter dem großen Zaun sicher vor Fuchs und Co. ist. Bis heute ist es so, dass erfolgreiche Bruten eigentlich nur innerhalb der Umzäunung zustande kommen.

Aber auch dort drinnen lebt es sich als Trappe nicht völlig sorgenfrei. Im Laufe der Jahre haben Raben, Krähen und Seeadler mitgekriegt, dass hier besonders viele schmackhafte Eier und Jungvögel zu finden sind. Beinahe die gesamte Brutsaison über sitzt deshalb tagsüber ein ehrenamtlicher Helfer auf dem Wachturm in der eingezäunten Fläche und versucht, die Räuber aus der Luft zu vertreiben. Zur Sicherheit werden die Trappeneier hinter dem Zaun, aber auch kurz nach dem Legen eingesammelt und durch Holzattrappen ersetzt. Erst unmittelbar vor dem Schlupftermin kriegen die Hennen wieder ihre richtigen Eier untergeschoben, so dass sich die Verluste durch Rabenvögel dann doch in Grenzen halten.

»Ohne die intensiven Schutzbemühungen würden überhaupt keine Trappen mehr in Deutschland leben«, sagt Henrik Watzke. Schon in den 70er Jahren begann man damit, gefährdete Gelege einzusammeln und im Brutkasten auszubrüten. Weil es aber wenig bringt, die jungen Trappen später in eine feindliche Lebensumwelt zu entlassen, wurde auch versucht, die Wiesen und Felder ringsum wieder trappenfreundlicher zu gestalten. Im Klartext bedeutet das, die Uhr im Trappengebiet so weit zurückzudrehen, bis man wieder bei einer möglichst störungsarmen Landwirtschaft angelangt ist.

»Viele Flächen rund um Buckow und Garlitz gehören dem Land oder dem Förderverein. Dort können wir also auch eine trappenfreundliche Landwirtschaft durchsetzen«, sagt Henrik Watzke. Diese Felder und Wiesen werden ökologisch bewirtschaftet. Auf den Einsatz von Insekten- oder Pflanzenschutzmitteln wird verzichtet. Dementsprechend groß ist die Vielfalt bei den Tier- und Pflanzenarten. Anders als in den großen Monokulturen können die Trappen so genügend Käfer, Grashüpfer, Spinnen und andere Kleintiere finden, die gerade in der Zeit der Brut und der Jungenaufzucht den Großteil der Nahrung ausmachen. Auf den Naturschutzflächen werden dazu sogenannte Trappenstreifen angelegt, schmale Feldstreifen, die höchstens ein- oder zweimal im Jahr gemäht und ansonsten völlig in Ruhe gelassen werden. Auch diese Flächen sind besonders artenreich.

Mit Hilfe dieser Maßnahmen ist es den Trappenschützern gelungen, die Population aus ihrem absoluten Minimum Mitte der 1990er Jahre wieder herauszuführen. Damals lebten in allen drei Gebieten zusammen nur noch 57 Trappen. Mittlerweile liegt der Bestand wieder über 160 Tieren. Aus dem Schneider ist die Trappe damit aber noch lange nicht. Ein technischer Fehler bei den Brutapparaten oder ein besonders schneereicher Winter können der positiven Entwicklung leicht einen kräftigen Dämpfer verpassen. Immer wieder kommt es zu vermeidbaren Todesfällen, wie Trappen, die gegen Stromleitungen geflogen sind. Aber auch einige Seeadler haben in den vergangenen Jahren Gefallen an leckerem Trappenfleisch gefunden. Und damit die eine streng geschützte Art der anderen nicht völlig den Garaus macht, sind die Trappenschützer dazu übergegangen, in der Balz- und Brutzeit Ablenkfütterungen für die Adler einzurichten.

Mein Blick kehrt zurück zum Balzplatz auf der großen offenen Fläche zwischen Buckow und Garlitz. Fünf oder sechs Federballen leuchten gleichzeitig auf der Fläche auf, die man vom Turm aus überblickt. Je älter die Trappen sind, desto ausgeprägter ist der kastanienbraune Ring an ihren Hälsen. Vermutlich betört auch das die kaum halb so schweren Hennen, die sich in der Nähe aufhalten. Entweder sind sie mit Fressen beschäftigt, oder sie verfolgen durchaus interessiert, wie die Hähne sich abmühen. Manche tun auch bloß so, als wären sie mit Fressen beschäftigt, und schielen dabei unauffällig nach den Hähnen. Die sind jetzt bis in die Federspitzen voll Adrenalin gepumpt, so dass sie manchmal sogar den Hals aufblähen und die Flügel umklappen, wenn ihnen nur ein Hase oder Reh über den Weg läuft.

Knapp drei Stunden sitzen wir nun schon dort oben. Immer gleich und in aller Stille vollzieht sich die Balz der Hähne, und doch war keine Minute davon langweilig. Weil die Felder vor uns abwechslungsreich gestaltet sind, ist die Artenvielfalt entsprechend groß. Überall läuft und fliegt, raschelt und singt es.

Auf der Fahrt zurück zum Bauernhof bin ich außerordentlich zufrieden mit mir und der Welt. Am frühen Abend, vor der Rückfahrt nach Berlin, werde ich noch einmal in Garlitz und Buckow vorbeischauen. Einfach nur, um sicherzugehen, dass diese kleine Parallelwelt, die auf ihre stille Art so unglaublich erscheint wie Oz, Alice' Wunderland oder Schlumpfhausen, immer noch da ist.

WISSENSWERTES

WER

Die Großtrappe (Otis tarda) ist ein großer, kräftiger Vogel mit braun geschecktem Gefieder, der entfernt an einen Truthahn erinnert, in Wirklichkeit aber am engsten mit dem Kranich verwandt ist. Mit einem Gewicht von bis zu 18 Kilogramm ist er der wahrscheinlich schwerste flugfähige Vogel der Welt. Die Hähne haben eine Flügelspannweite zwischen 2 und 2,60 Meter. Die älteren Hähne haben einen rostbraunen Hals und zur Fortpflanzungszeit einen deutlich sichtbaren Federbart, der am Schnabel beginnt. Die Hennen sind deutlich kleiner und wiegen etwa nur ein Drittel bis halb so viel wie die Hähne.

WO

Das Verbreitungsgebiet der Großtrappe reicht von Spanien bis in die Mongolei. Allerdings gibt es nur noch inselartige Vorkommen. Die meisten Trappen leben in Spanien (rund 30 000), in Russland (rund 10 000), Ungarn, China und der Mongolei (jeweils mehr als 1000 Tiere). In Deutschland ist das Trappengebiet auf ein Prozent seiner ehemaligen Größe zusammengeschrumpft. Die letzten Trappen leben im westlichen Brandenburg und im angrenzenden Sachsen-Anhalt. Inzwischen liegt der Bestand wieder kontinuierlich bei mehr als 130 Tieren. Die größte Population existiert im Havelland, nahe Buckow, wo sich die Tiere auch am besten beobachten lassen.

BESONDERES

Von Anfang April bis Ende Mai zeigen die ausgewachsenen Hähne eine spektakuläre Balz. Dabei stampfen sie mit den Füßen, lassen den Hals anschwellen, klappen die Flügel um und lassen die Kloake ploppen. Die Hähne kommen dabei so in Wallung, dass ihr Herzschlag sich von 120 auf unglaubliche 900 Schläge pro Minute beschleunigt. Weil das Untergefieder der Trappenhähne weiß ist, »leuchten« sie bei der Balz auf der großen Wiese plötzlich wie helle Federbälle auf.

ALTER

Großtrappen können 20 Jahre und älter werden, erreichen dieses Alter in der Natur allerdings nur selten.

SEX & SOZIALES

Vor allem die Wintermonate verbringen die Trappen gemeinsam in der Gruppe, allerdings fein säuberlich nach Geschlechtern getrennt. Gegen Ende des Winters werden die Hähne unruhiger und streitbarer, und auch der Verband der Hennen lockert sich. Ab Ende März/Anfang April suchen die Trappen dann die traditionellen Balzplätze auf, wo die Hähne die Damen mit ihren bizarren Tänzen bezirzen. Die Hennen suchen sich schließlich die besten Tänzer als Samenspender aus. Ein Hahn kann dabei mehrere Hennen begatten. Die Hennen brüten ohne die Hilfe der Hähne und kümmern sich auch allein um die Jungenaufzucht. Die Küken schlüpfen im Mai und

KULINARISCHES

Juni aus den Eiern und bleiben bis zum nächsten Frühjahr bei der Mutter. Die Jungtiere werden mit Unmengen an Insekten gefüttert. Erwachsene Trappen fressen vor allem junge Blätter und Triebe von Kräutern sowie Insekten und gelegentlich Mäuse. Wenn sich die Gelegenheit dazu bietet, werden auch Frösche oder kleine Säugetiere verspeist.

AUSSICHTEN

Weltweit gibt es noch knapp 50 000 Großtrappen. Die Bestandsentwicklung ist in den meisten Gebieten rückläufig. Hauptgrund dafür ist die Zerstörung des Lebensraums. Auf der Roten Liste der Vereinten Nationen wird die Großtrappe als gefährdet eingestuft. In Deutschland ist die Zahl der Großtrappen dank intensiver Schutzbemühungen etwa seit der Jahrtausendwende leicht steigend. Wegen der geringen Größe der Population bleibt die Art bei uns akut vom Aussterben bedroht.

AUF SAFARI

DIE BESTE ZEIT

Die Trappen balzen von Anfang April bis Mitte Mai. Am aktivsten sind sie in den Morgenstunden kurz nach Sonnenaufgang und vom späten Nachmittag bis abends. An den Wochenenden wird es nachmittags auf den Beobachtungstürmen recht voll. Wer seine Ruhe haben will, sollte unter der Woche oder in den Morgenstunden kommen.

DAS BASISLAGER

Ausgangspunkt der geführten Trappentouren ist das Ausstellungshaus der Staatlichen Vogelschutzwarte Buckow (Buckower Dorfstraße 34, 14715 Nennhausen, Anmeldungen unter Tel.: 03386/211227). Während der Balzzeit ist das Ausstellungshaus an Wochenenden und Feiertagen jeweils von 14 bis 17 Uhr geöffnet. Für Familien oder kleine Gruppen sehr zu empfehlen ist eine individuelle Führung mit einem Mitarbeiter des Fördervereins Großtrappenschutz. Die ist zwar teurer als die öffentlichen Führungen, dafür bringen die Fachleute auch ein Spektiv mit, mit dem man jede einzelne Federspitze der Trappen erkennen kann. Anmeldung unter Tel.: 033878/60257.

VERSORGUNGSLAGE MÄSSIG

Das Angebot an Übernachtungsmöglichkeiten ist sehr überschaubar (www.bauernhof-kaethe.de in Gräningen, www.nennhof.de in Gräningen, www.gutshof-liepe.de in Liepe). Gut essen kann man in der Alten Brennerei in Liepe direkt am Gutspark. Der nächste Supermarkt ist in Rathenow.

ANDERE TIERE

Außer den Trappen fühlen sich noch viele andere Feldvögel auf den Wiesen wohl. Garantiert sieht und hört man die Feldlerche, einen Vogel, der ausgerechnet während anstrengender Flugphasen aus vollster Kehle singt und für den Laien gerade dadurch gut zu erkennen ist. Auch die Grauammer kann man häufig rund um die Türme beobachten. Um die unscheinbaren Vögel zu entdecken, braucht man entweder eine solide ornithologische Vorkenntnis oder einen versierten Vogelkundler an seiner Seite. Wer hier keine Rehe sieht, ist selber schuld.

ANDERE ORTE

Die Große Grabenniederung bei Parey ist ein wichtiges Rastgebiet für Zugvögel. Im April und Mai machen dort viele Enten Station. Von einem Beobachtungsturm direkt an der Straße zwischen Hohennauen und Parey kann man die überschwemmten Flächen gut einsehen und die Enten, die darauf schwimmen, gut beobachten. Gerade Menschen, die noch ganz am Anfang ihrer Hobbyornithologenlaufbahn stehen, finden hier ein paar Arten, die sie zuvor vermutlich noch nie gesehen haben. Löffelenten zum Beispiel, Schnatterenten, Reiherenten, Krickenten, Spießenten, Schellenten, Gänsesäger, vielleicht sogar einen einzelnen Zwergtaucher. Weitere Informationen bei der Naturwacht in Parey (Tel: 033872/70025).

ZUR VORBEREITUNG

www.grosstrappe.de
www.lugv.brandenburg.de/sixcms/media.php/4055/trappe.pdf
www.reiseland-brandenburg.de/themen/natur.html,
Stichwort »Naturpark Westhavelland«
www.buga-2015-havelregion.de
www.tourismusverein-westhavelland.de

HIN & HER

Mit dem Auto erreicht man die Trappen aus Norden oder Berlin kommend auf der B 5, Abfahrt Richtung Retzow, Barnewitz, Garlitz, Buckow; aus Westen auf der B 188 über Rathenow nach Stechow, dort Abfahrt nach Nennhausen, Buckow; aus Süden und Westen von der A 2, Abfahrt Brandenburg, auf der B 102 bis Pritzerbe, dort Richtung Marzahne, Garlitz, Buckow.
Das Havelländische Luch ist vom Bahnhof Nennhausen (Strecke Berlin–Rathenow) gut mit dem Fahrrad zu erreichen.

SEMLIN

S. 134–145

9

ANARCHISTISCHE BAUMEISTER

AUF BIBERTOUR AM HOHENNAUENER SEE

Ich fahre durchs westliche Havelland Richtung Norden. Links und rechts warten Getreidefelder auf die Ernte. Ein paar Kilometer weiter fließt die Havel, langsam wie kein anderer Fluss, der Elbe entgegen. Man sieht es nicht gleich, aber das hier ist Biberland, durch und durch.

Nachdem Anfang des 20. Jahrhunderts die große Biberverfolgung zu Ende ging, haben sich die Überlebenden nach und nach wieder über die Elbe und ihre Nebenflüsse bis hin ins Havelland ausgebreitet. Heute gibt es dort kaum einen See, Fluss oder Bach, der nicht vom Biber in Beschlag genommen wird. Sogar in einem Entwässerungsgraben haben Biber bei Rathenow in kurzer Zeit vier Dämme errichtet.

Als ich ein Kind war, wäre so etwas undenkbar gewesen. Da klangen alle Geschichten über Biber wie Märchen. Entweder sie spielten in längst vergangener Zeit oder in einem fernen, fremden Land. Kanada war für mich das Biber-Märchenland schlechthin. Vielleicht noch Skandinavien und die USA. Aber Deutschland? War biberfrei – zumindest so gut wie –, und das schon seit vielen Jahren.

Die Bibergeschichten, die ich heute höre, sind alle ganz gegenwärtig: Ein Biber hat im Kleingarten am Kanal einen Obstbaum gefällt. Biber erobern Berlin. Biber lassen sich durch Schleusen schleusen oder zeigen sich ganz ungeniert während einer Paddeltour. Mir gefallen diese alltäglich gewordenen Meldungen. Sie gehören für mich trotz gelegentlich auftretender Probleme in die gleiche Kategorie wie die Rückkehr der Wölfe oder der Aufschwung bei Raben und Seeadlern. Es sind Indizien dafür, dass Deutschland ein klein wenig kanadischer wird und die Natur trotz Autobahnen, Monokulturen und begradigter Flüsse wieder zu uns zurückfindet.

Obwohl Biber heute keineswegs mehr selten sind, habe ich bislang noch keinen einzigen gesehen. Keinen umgenagten Baum und keine Fellspitze. Aber das soll sich jetzt ändern. Ich bin auf dem Weg zur »Pension am See« in Semlin. Semlin liegt direkt am Hohennauener-Ferchesarer See und ist schon ewig die Sommerfrische der Region. Die »Pension am See« ist so etwas wie das dazugehörige Abenteuercamp. Man kann hier in rustikalen Bungalows aus DDR-Zeiten übernachten und sich Fahrräder und Kanus für Ausflüge leihen. Wer schlau ist, mietet sich den Pensionsleiter Jean-Luc Meier gleich mit dazu. Dann stehen die Chancen gut, dass man auch Kraniche, Großtrappen und Gänse in Hülle und Fülle zu Gesicht bekommt. Und eben den Biber.

Es ist sieben Uhr abends, die Sonne steht schon tief und taucht das Haus und das große Grundstück in ein besonderes Licht. In zwei Stunden wird es dunkel sein. Höchste Zeit, auf den See zu kommen. »Das mit den Führungen war schon immer mein Traum«, sagt Jean-Luc Meier, als wir ein Kanu ins Wasser schieben und lospaddeln. Er ist gelernter Biologe, dem schon während des Studiums die Exkursionen viel besser gefallen haben als die Arbeit im Labor. Dank der Pension kann er seinen Entdeckungsdrang nun ungebremst ausleben und seinen Gästen dabei noch aufregende Naturerlebnisse verschaffen. »Und weil ich von zu Hause aus arbeite, kann ich außerdem meine Kinder aufwachsen sehen«, sagt er und drückt wie zur Bekräftigung den Lederhut mit der breiten Krempe fest.

Der Hohennauener-Ferchesarer See ist knapp neun Kilometer lang und an der breitesten Stelle 900 Meter breit. Nach unberührter Natur sieht er nicht unbedingt aus: Am Ufer entdecke ich mehrere Bungalowanlagen, Badestellen und kleine Sportboothäfen, genau so, wie es sich für einen typischen Bade- und Freizeitsee gehört. Und ausgerechnet hier sollen sich so viele Biber tummeln, dass sich eine ganze Tour lohnt?! Ich bin skeptisch. Aber Meier weiß offenbar, was er da tut. Er steuert ein Schilfgebiet am Ufer an, bremst mit geübtem Paddelschlag das Kanu ab und lauscht.

Ich höre nur den Wind, der leise in die Schilfstängel fährt. Der Biologe entnimmt dem Rauschen noch etwas anderes. Es könnten ja auch ein paar Biber sein, die da mit ihren gedrungenen Körpern zwischen den Stängeln rascheln. Ja, genau! Nach kurzer Zeit materialisiert sich etwa 15 Meter von unserem Boot entfernt ein Biber. Geschäftig schwimmt er zwischen Schilf und Seerosen hin und her. Richtig zu sehen ist eigentlich nur der Kopf. Mund und Nase liegen gerade so über der Wasserlinie. Aus der Nähe sieht man noch ein bisschen Rücken. »Ich sage den Leuten immer, sie sollen nach einer Ente ohne Hals Ausschau halten«, hatte Jean-Luc Meier am Anfang der Tour erzählt. Das passt. Das Tier taucht ein paarmal ab und wieder auf. Vielleicht ist es auf der Suche nach ein paar leckeren Seerosentrieben. Ein Jungbiber, der Größe nach zu urteilen. Dann, nach einigen Minuten, verschwindet er wieder. Wir paddeln weiter, auf die andere Seite des Sees. Direkt neben einer öffentlichen Badestelle türmt sich, etwas verborgen im Gebüsch, ein zwei Meter hoher Haufen aus Ästen und Zweigen. Wir steigen kurz aus. »Das ist die Burg einer Biberfamilie«, sagt Meier. Irgendwo in dem Haufen liegt die Wohnstube, bis zu 60 Zentimeter hoch und rund einen Meter im Durchmesser betragend, die zwei Erwachsenen und den Kindern viel Platz bietet.

Die Biber müssen tauchen, wenn sie in ihre Burg wollen, der Zugang zur Wohnung liegt unter Wasser. Dabei ist der Bibernachwuchs zunächst wasserscheu und muss von der Mutter beim ersten Ausflug unsanft ins Wasser geschubst werden. Doch solange sich die Biber mit ihren kräftigen Zähnen keine einbruchssicheren Türen schnitzen können, müssen sie Dämme bauen und das Wasser so lange aufstauen, bis der Eingang unter Wasser steht. Das ist dann auch ziemlich sicher. An fast allen Ästen und Knüppeln der Biberburg ist die Rinde fein säuberlich abgenagt. Auf dem hellen Holz kann man gut die Abdrücke der großen Zähne entdecken. Die Tiere gehen faszinierend pragmatisch mit ihren Nahrungsabfällen um. Sie bauen einfach ihre Häuser daraus.

Nach dem kurzen Landgang fahren wir zurück auf den See. Obwohl es langsam dunkel wird, wollen wir weitere Biber suchen. Als wir in der Mitte des Sees sind, ist plötzlich Bewegung in der Luft. Hunderte Schwalben ziehen über uns hinweg. Sie sammeln sich für den Zug in den Süden und lassen sich kurze Zeit später zum Schlafen im Schilf nieder.

Jean-Luc Meier kennt allein im näheren Umfeld seiner Pension sechs bewohnte Biberburgen. Den Biberbestand am gesamten See schätzt er auf 50 bis 60 Tiere. Mir scheint das eine ungeheuer große Zahl zu sein. »Der Bestand am See ist gar nicht ungewöhnlich groß«, stellt der Biologe klar. Zumindest in Brandenburg und in weiten Teilen Ostdeutschlands kommt der Biber mittlerweile wieder fast flächendeckend vor.

Der wichtigste Grund, warum Menschen und Biber weitgehend harmonisch am See zusammenleben können, ist die Anpassungsfähigkeit der Tiere. Die Biber bleiben einfach so lange in ihren Burgen, bis der See weitgehend menschenfrei ist.

Es dauert nicht lange, und wir sehen den nächsten Biber in Ufernähe. Er schwimmt erst eine Weile am Schilfsaum entlang und dann quer über den See. Wir folgen ihm. Auch dieser Biber fühlt sich offensichtlich nicht durch uns gestört. »Die Biber sind zwar immer noch dämmerungs- und nachtaktiv, um ein Zusammentreffen mit dem Menschen nach Möglichkeit zu vermeiden«, sagt Meier. »Wenn man sich ihnen aber vorsichtig nähert und ruhig verhält, dulden sie unsere Nähe.«

Außerdem hat der Biologe beobachtet, dass die Biber in den vergangenen Jahren ein wenig von ihrem Misstrauen gegenüber Menschen verloren haben, teilweise schon am Nachmittag aktiv sind und nicht gleich bei jedem Boot, das aufkreuzt, in Panik abtauchen. Das könnte ein Indiz dafür sein, dass sich bei den Tieren langsam herumspricht, dass von Menschen mittlerweile keine Gefahr mehr ausgeht. Vielleicht ist es aber auch so, dass sich die Nager speziell an ihn und seine Kanus gewöhnt haben. Während der Saison gibt es wöchentlich Bibertouren. Dazu kommen noch einige Spazierfahrten zu Meiers privaten Vergnügen.

Im Schlepptau des Bibers werden wir bald darauf Zeuge, dass auch die Tiere am See einander mitunter ganz gewaltig erschrecken können: Der Biber hat mittlerweile das gegenüberliegende Ufer erreicht und schwimmt nun zielstrebig dicht am Schilfsaum entlang. Dort hat sich bereits ein Blässhuhn zur Nacht niedergelassen, das von ihm geflissentlich ignoriert wird. Er schwimmt in einem Abstand von höchstens zwei Metern an dem Vogel vorbei, und als den die Bugwelle trifft, schrickt er mit einem Ruck aus dem Schlaf und sucht unverzüglich das Weite. Der laute Flügelschlag wiederum jagt dem Biber einen so großen Schreck ein, dass er unverzüglich abtaucht und uns allein und lachend zurücklässt. Bald darauf ist

TIERISCHES VERHALTEN, VON MENSCHEN GEMACHT

Der Mensch hält die Welt schon so lange fest im Griff, dass er nicht nur den Lebensraum anderer Arten meist zu deren Nachteil umgestaltet, sondern auch deren Verhalten direkt beeinflusst. So wurden im Laufe der Jahrtausende manche Tiere zu Waldtieren, obwohl sie es von Natur aus nicht unbedingt waren: Hirsche, Wisente und andere große Pflanzenfresser sind heute auch deshalb Waldbewohner, weil sie dort und in anderen unwegsamen Regionen halbwegs sicher vor dem Menschen sind. Denn für jedes Tier, das eine Vorliebe für weite und offene Landschaften hatte, bestand die reelle Gefahr, erschossen zu werden. Durch anthropogene (menschengemachte) Selektion entwickelten sich so Hirsch- und Wisentbestände, die sich nur im Wald richtig wohlfühlten. Neben der Bevorzugung eines bestimmten Lebensraums kann auch die Zeit, zu der manche Arten aktiv sind, vom Menschen beeinflusst werden. Es ist denkbar, dass Biber heute unter anderem deshalb so strikte Dämmerungs- und Nachttiere sind, weil sie so der Begegnung mit dem Menschen am besten ausweichen können. Für diese Vermutung spricht, dass die Tiere rund 100 Jahre nach dem Ende ihrer Verfolgung allmählich die Scheu verlieren und sich hin und wieder auch tagsüber blicken lassen.

So oder so bleibt das Ausweichen in die Randstunden des Tages eine wirksame Strategie, um allzu großem Trubel zu entgehen. Das gilt auch und insbesondere bei der Tierbeobachtung. Wer die Wahl zwischen einer Abend- und einer Morgentour hat, sollte sich immer für die unwirtlicheren und dadurch ruhigeren Morgenstunden entscheiden.

es so dunkel, dass wir auch aus der Nähe keinen Biber mehr von einer Ente oder einem Stück Holz unterscheiden könnten. Außerdem sind die Mücken am See in einen Blutrausch geraten. Die Mückenlotion hatten wir dummerweise an Land vergessen.

Wir machen uns also auf den Heimweg und legen nur ein paar Meter von der Anlegestelle der Pension entfernt noch einen letzten Zwischenstopp vor der Schilfzone ein. Man sieht zwar nichts mehr, dafür hört man, ohne sich besonders anstrengen zu müssen. Die Biber haben ihre Zurückhaltung aufgegeben und rascheln und rempeln durch den Stängelwald. Mindestens vier Stück, ist Jean-Luc Meier sich sicher. Die Nagetiere machen ihrem Ruf alle Ehre. Sehr laut und vernehmlich ist in der Dunkelheit zu hören, wie die großen Zähne sich übers Holz hermachen. Direkt am Steg überraschen wir dann noch einen fünften Biber. Zwar sehen wir nichts, aber wir hören in unmittelbarer Umgebung ein sehr lautes Klatschen. Ein Biber hat beim erschreckten Abtauchen mit seinem flachen Schwanz auf die Wasseroberfläche geschlagen. Das ist das ultimative Warnsignal für die anderen Biber. Dumm gelaufen. Auf dem großen See kommt ihm ausgerechnet das einzige Kanu weit und breit in die Quere. Und das, obwohl wir gar nicht mehr auf Safari sind, sondern einfach schnell nach Hause wollen.

DER ELBEBIBER

Nur an einigen Flussläufen konnten sich kleine Populationen halten, mit deren Hilfe später die Wiederbesiedlung des Kontinents gelang. Die einzige in Deutschland heimische Unterart ist der Elbebiber (*Castor fiber albicus*), der das große Schlachten an der Mittleren Elbe überlebte. Nach der Stabilisierung der dortigen Population begann die Ausbreitung entlang der Elbe und ihrer Nebenflüsse. Heute gibt es wieder mehr als 6000 Elbebiber, die vor allem in Sachsen-Anhalt, Brandenburg, Mecklenburg-Vorpommern und Sachsen leben. In anderen Bundesländern wurden hauptsächlich Biber anderer Unterarten, zum Teil sogar Kanadische Biber angesiedelt.

WISSENSWERTES

WER

Der Europäische Biber (Castor fiber) wiegt mit 18 bis 25 Kilo fast so viel wie ein Reh und ist damit das mit Abstand größte Nagetier in Europa. Weil Biber mit ihren großen Zähnen, dem dichten Fell und dem abgeflachten Schwanz irgendwie putzig aussehen und auch noch als fleißig und geschickt gelten, haben es einige von ihnen in die Werbung (Zahnpasta, Baumarkt) oder bis zum Maskottchen (z. B. für Universitäten) gebracht. Noch besser sind sie allerdings an ein Leben im Wasser angepasst.

WO

Der Biber war ursprünglich in ganz Europa und in weiten Teilen Asiens zu Hause. Sein Fell und sein Fleisch waren dort begehrt; sein Hang, Wiesen und Felder unter Wasser zu setzen, verhasst. Deshalb verringerte sich seine Zahl im Laufe der Zeit ganz gehörig. In weiten Teilen Europas wurden Biber ausgerottet. Durch strenge Schutzbestimmungen und Auswilderungen haben sich die Bestände erst seit Mitte des 20. Jahrhunderts wieder deutlich erholt. In Ostdeutschland und Bayern kommen die großen Nager mittlerweile fast überall wieder vor. Auch in den anderen Bundesländern sind sie auf dem Vormarsch. Trotzdem sind die Tiere aus gutem Grund menschenscheu und meist nachtaktiv. Um sie aufzuspüren, braucht man die Hilfe von Experten. Die gibt es an einigen wenigen Orten in Deutschland. Einer davon ist der Hohennauener See im Havelland.

BESONDERES

Der Biber ist in der Lage, große Bäume zu fällen. Er benagt den Stamm dabei so lange rundum, bis er umkippt. Die angewandte Technik ist nicht ganz ohne Risiko. Vom Baum erschlagen zu werden ist unter Bibern eine ziemlich häufige Todesursache. Das so beschaffte Holz dient nicht nur als Nahrung, sondern auch als Baumaterial. Biber bauen damit stabile Dämme, mit denen Bäche aufgestaut oder künstliche Teiche angelegt werden können. Bei zu hohen Wasserständen öffnen sie ihre Dämme, um das Wasser schneller abfließen zu lassen. Diese Fähigkeit, die Landschaft um sie herum aktiv nach ihrem Gusto zu verändern, ist in der Tierwelt einmalig.

ALTER

Biber werden im Durchschnitt zehn bis zwölf Jahre alt. In Gefangenschaft sind einige auch schon knapp 20 Jahre alt geworden.

SEX & SOZIALES

Biber sind monogam und leben in festen Revieren, die sie gegen Artgenossen verteidigen. Sie werden mit drei Jahren geschlechtsreif und bekommen im Mai zwei bis vier Junge. Die Familie lebt gemeinsam in einer Wohnhöhle, deren Eingang – als Einbruchssicherung – stets unterhalb der Wasseroberfläche liegt. Weil auch die Jungen aus dem Vorjahr noch im Revier der Eltern bleiben, kann so ein Biberclan ganz schön groß werden. Erst mit der Geschlechtsreife werden die Jungen vertrieben und müssen sich – auf dem Wasserweg – ein neues Revier suchen.

KULINARISCHES

Biber sind reine Pflanzenfresser. Sie lassen sich Kräuter, Sträucher, Seerosen und andere Wasserpflanzen, Gras, Schilf und Teile von Laubbäumen schmecken. Um an die Blätter, an frische Zweige und Rinde zu gelangen, werden Bäume bis zu einem Durchmesser von 50 Zentimetern einfach abgeholzt. Früher galt der Biber bei Katholiken als schmackhafte Fastenspeise. Das lag vor allem daran, dass findige Geistliche den Biber kurzerhand zum Fisch erklärten und damit sein Verspeisen in der Fastenzeit entsündigten.

AUSSICHTEN

Anfang des 20. Jahrhunderts war der Biber in Deutschland fast ausgestorben. Heute gibt es bei uns wieder mehr als 25 000 Tiere. Tendenz steigend. In einigen Regionen ist die Dichte inzwischen wieder so hoch, dass es zu Konflikten zwischen Mensch und Tier kommt: Biber fällen auch mal Obstbäume, und ihre aufgestauten Bäche drohen zuweilen Straßen zu unterspülen oder ein Stück Weide unter Wasser zu setzen. Biber sind streng geschützt und können deshalb nicht einfach vertrieben und schon gar nicht getötet werden. Mittlerweile gibt es in einigen Bundesländern sogar Biber-Manager, die bei Konflikten vermitteln und bei Bedarf auch mal ein Rohr in einen Biberdamm einbauen, damit das Wasser wieder abfließen kann.

AUF SAFARI

DIE BESTE ZEIT

Biber lassen sich gut von April bis Oktober beobachten. Weil die Tiere überwiegend nachtaktiv sind, empfiehlt sich eine Tour in den Sommermonaten, wenn es abends besonders lange hell ist.

DAS BASISLAGER

Die »Pension Am See« in Semlin (Schneidemühle 7, 14712 Rathenow, Tel.: 03385/509274, www.pensionamsee.de).

VERSORGUNGSLAGE MITTELPRÄCHTIG

In Semlin gibt es verschiedene Unterkünfte vom Golfhotel bis zum einfachen Bungalow. Auch eine Reihe von Restaurants ist vorhanden. Nächste Einkaufsmöglichkeiten in Rathenow.

AN VIELEN ORTEN MÖGLICH

Da Biber mittlerweile wieder in weiten Teilen Deutschlands heimisch sind, muss es unzählige Seen und Flüsse geben, an denen man die Tiere beobachten kann. Wenn man im Biberland unterwegs ist, lohnt es sich, die lokalen Pensionsbesitzer oder Kanuverleiher nach den besten Safari-Orten zu fragen. Wer auf Nummer sicher gehen möchte, kann in der Nähe von Dessau eine Biber-Freianlage besuchen (Biberfreianlage des Fördervereins Biosphärenreservat Mittelelbe bei Vockerode, Anmeldungen unter Tel.: 034904/40614 oder -15). An einem rund 650 Quadratmeter großen Gewässer lebt dort – eingezäunt, aber unter natürlichen Bedingungen – eine Biberfamilie.

ZUR VORBEREITUNG

www.semlin.de
www.reiseland-brandenburg.de/themen/natur.html, Stichwort »Naturpark Westhavelland«
www.buga-2015-havelregion.de
www.tourismusverein-westhavelland.de

HIN & HER

Aus Richtung Süden: Auf der A 2, Abfahrt Brandenburg, weiter auf der B 102 bis Hohennauen, dort dem Abzweig nach Semlin folgen. Aus Richtung Hamburg: A 24 bis zur Ausfahrt Neuruppin. Von dort weiter auf der 167 Richtung Neustadt (Dosse). Von dort weiter auf der B 102 bis kurz hinter Hohennauen, dort links ab nach Semlin. Aus Berlin: Auf der B 5 bis kurz vor Friesack. Links ab auf die B 188. Bei Stechow rechts ab Richtung Ferchesar, dort links ab auf den Semliner Weg.

ALLE IM EIMER

FRÖSCHE UND KRÖTEN AM KRÖTENZAUN

Okay, jeder kennt den Froschkönig und den Wetterfrosch, den Frosch im Hals, die Unkenrufe und die bittere Kröte, die manchmal geschluckt werden muss. Und vermutlich hat fast jeder auch schon einen Frosch auf einem Seerosenblatt sitzen oder mit einem Kopfsprung ins Teichwasser hechten sehen.

Aber dafür, dass es in Deutschland Millionen Amphibien gibt, wissen wir erstaunlich wenig über sie. Vermutlich ist das eine Frage der Perspektive – und der Möglichkeiten: Kröten sind nachtaktiv und machen sich ansonsten ziemlich rar. Viele von ihnen graben sich tagsüber ein. Frösche sieht man zwar häufiger, aber immer nur aus ein paar Metern Entfernung und aus der Vogelperspektive. Kommt man näher, tauchen sie ab. Trotzdem gibt es einen Ort, an dem man Amphibien sehr, sehr nahe kommen kann. So nah, dass man jede Warze auf der Haut zählen und die Schönheit ihrer Augen bewundern kann: den Krötenzaun.

Einmal im Jahr – im zeitigen Frühling – begeben sich alle Amphibien auf Wanderschaft. Sie verlassen ihre Winterquartiere, um sich in kleinen Tümpeln oder auf überschwemmten Wiesen zu paaren. Sie suchen jedes Jahr die gleichen Gewässer auf und lassen sich auf dem Weg dorthin von Straßen und anderen Hindernissen nicht aufhalten. Diese Unbeirrbarkeit ist zwar sympathisch, bekommt den Tieren aber nicht besonders gut. Auf dem Weg zur Paarung werden unzählige von ihnen überfahren.

Um den Blutzoll so gering wie möglich zu halten, stellen engagierte Umweltschützer Krötenzäune (oder, für die anderen Arten weniger diskriminierend: Amphibienschutzzäune) am Straßenrand auf. Frosch und Kröte finden den Weg zum Laichgewässer versperrt und versuchen, das Hindernis zu umgehen. Auf der Suche nach einer Lücke im Stoff hüpfen sie am Zaun entlang und schließlich in einen der Eimer, die alle paar Meter in die Erde eingegraben sind. Offensichtlich können die Lurche die Falle nicht gut überblicken. Gerade wenn der Eimerrand ein bisschen aus der Erde ragt, nehmen die Tiere ihn als kleines Hindernis wahr, das leicht übersprungen werden kann – et voilà finden sie sich im Eimer wieder. Ist man zur rechten Zeit bei einer Kontrolle am Krötenzaun dabei, kann man in den Eimern den gesamten amphibischen Artenreichtum der Region begutachten. Dank des großen Engagements der meist ehrenamtlichen Helfer werden im Frühjahr deutschlandweit Hunderte solcher Zäune aufgestellt.

Ich habe mich zu einer Zaunpatrouille im Havelland, in der Nähe von Rathenow, eingeladen. Von meiner Arbeit für die Zeitung kenne ich das Gebiet und die Leute von der Naturwacht, die den Zaun betreuen. Netterweise haben sie ja gesagt.

Als ich gegen halb acht die kleine Straße zwischen Hohennauen und Parey erreiche, sind Uta Drozdowski und ihre Kollegin Katrin Sawall längst bei der Arbeit. Auf einer Strecke von 1,6 Kilometern müssen mehr als 100 Eimer kontrolliert werden. Das dauert. Während Katrin Sawall im Auto langsam nebenherfährt, inspiziert Uta Drozdowski die Eimer und ruft ihrer Kollegin zu, was für Tiere darin sitzen. Für die Statistik wird jeder Fund genau notiert. Es wird nicht jede Kröte einzeln über die Straße getragen. Die Tiere landen erst einmal im Sammeleimer, der nach einer Weile auf der anderen Straßenseite entleert wird.

An diesem Tag sind besonders viele Knoblauch- und auch ein paar Erdkröten in den Eimern. Beide Arten habe ich vorher noch nie gesehen. Zuerst will ich die Erdkröte (Bufo bufo) unter die Lupe nehmen. Es ist die in Deutschland am weitesten verbreitete Krötenart. Die Weibchen können bis zu zwölf Zentimeter lang und 100 Gramm schwer

werden, sind also ganz schön große Brocken. Die Männchen sind etwas kleiner und leichter.

Es kostet mich tatsächlich ein bisschen Überwindung, die Kröte aus dem Eimer zu angeln. Eine Schönheit im klassischen Sinne ist sie ja nicht. Und dann schaut sie mit ihrem breiten Maul auch noch so miesepetrig drein. Und heißt es nicht, dass sie über ihre warzige Haut ein giftiges Sekret absondern kann? Uta Drozdowski beruhigt mich: »Das passiert nur, wenn man die Kröte ganz fest drückt oder sonst wie reizt.« Ich bin nur ein bisschen beruhigt. Zwar weiß ich natürlich, dass ich die Kröte nicht ärgern, sondern nur sicher über die Straße bringen soll. Aber ob die Kröte das auch weiß?

Behutsam greife ich zu. Um größer und furchteinflößender zu wirken, hat sie ihren Körper ordentlich mit Luft vollgepumpt, bleibt ansonsten aber friedlich. Die Haut ist kalt, aber nicht glitschig. Amphibien sind wechselwarme Tiere. Anders als bei Vögeln und Säugetieren ist ihre Körpertemperatur von der Außentemperatur abhängig. Es ist noch ziemlich kühl an diesem Morgen. Deshalb liegt die Kröte noch träge und erstaunlich schwer in meiner Hand.

Und wenn man so eine Kröte schon mal in der Hand hat, lohnt es sich auch, ihr dabei tief in die Augen zu schauen. Die sind nämlich entgegen aller Erwartung sehr schön: Die Pupillen sind elliptisch geformt und waagerecht angeordnet, die Iris ist orange oder bernsteinfarben. Auch ihre Stimme hat etwas seltsam Liebliches: Bevor die Erdkröte zu den anderen Lurchen in den Sammeleimer kommt, lässt sie etwas hören, das so gar nicht zu ihrem granteligen Äußeren passt. »Ök, ök, ök«, ruft sie leise und sanft. Der Paarungsruf der Männchen, sagt Uta Drozdowski.

Die Hauptwanderrichtung der Amphibien bei Parey verläuft von Norden nach Süden. Nördlich der Straße liegen Ackerflächen. Südlich der Straße überwiegt Grünland, das im Frühjahr regelmäßig für mehrere Monate von der nahe gelegenen Havel überschwemmt wird.

Viele der Amphibien aus der Umgebung haben der Kälte tief in die Erde eingegraben getrotzt. Andere haben in einer dichten Laubschicht oder sogar unter Wasser überwintert. Jetzt streben alle dem großen Laichgewässer südlich der Straße zu. Einige Tiere wie die Erdkröte überwinden während der Wanderung Strecken von bis zu 1500 Metern und mehr. Andere, wie der Moorfrosch, bewegen sich auch außerhalb der Laichzeit nur wenige hundert Meter von den Gewässern weg.

Ein anderer häufiger Gast in den Eimerfallen ist die Knoblauchkröte (Pelobates fuscus). Das dürfte an ihren Gewohnheiten liegen, denen sie am Zaun besonders gut nachgehen kann. Tagsüber vergräbt sie sich am liebsten im lockeren Erdreich. Dazu eignen sich die Äcker nördlich der Straße bestens.

Mit einer Länge von fünf bis sieben Zentimetern ist sie wesentlich kleiner als eine Erdkröte. Sie kommt in so unterschiedlichen Farben vor, dass ich die einzelnen Exemplare ohne Erklärung glatt für verschiedene Arten gehalten hätte. Manche Kröten sind dunkelbraun, fast schwarz. Bei anderen hat die Haut einen grünlichen Grundton und wirkt mit großen schwarzen, roten und braunen Flecken wie marmoriert. Die Knoblauchkröte hat einen – aus menschlicher Sicht – freundlichen Gesichtsausdruck. Ohne sich zu weit aus dem Fenster zu lehnen, kann man sie fast als niedlich bezeichnen.

Anders als bei den fetten Erdkröten habe ich

keine Berührungsängste. Eher habe ich das Bedürfnis, diese kleinen Geschöpfe aus ihrem Eimer-Gefängnis zu befreien. Vor allem will ich herausfinden, ob sie ihren Namen zu Recht tragen. Deshalb halte ich mir die Kröte unter die Nase und schnuppere. Ich rieche nichts, zumindest keinen Knoblauch. Als Abwehr gegen Fressfeinde kann der Lurch den Knollengeruch verströmen. Aber wie bei der Erdkröte setzen die Drüsen das Sekret vermutlich erst bei einer wirklich massiven Bedrohung frei. Die Augen der Knoblauchkröte sind noch bemerkenswerter als die der Erdkröte. Wie bei einer Katze stehen die Pupillen senkrecht. Die Iris ist von einem wunderschönen Goldton und wird von mehreren schwarzen Linien durchzogen.

Nachdem ich die Kröte und einige ihrer Artgenossen sicher über die Straße gebracht habe, gehe ich weiter am Zaun entlang und inspiziere die nächsten Eimer. Nicht nur Kröten, auch Frösche landen darin. Am leichtesten zu identifizieren ist der Moorfrosch (Rana arvalis), ein eher zierlicher, bis zu acht Zentimeter großer Frosch in Tarnfarbe. Nur in der Paarungszeit gönnen sich die Männchen eine Extravaganz und färben sich blau. Weil es bei meinem Krötenzaunbesuch erst seit wenigen Tagen wieder wärmer und die Paarungszeit noch nicht in vollem Gange ist, zeigt sich bei ihnen aber erst ein zarter bläulicher Schimmer.

Deutlich schwerer fällt die Bestimmung bei den grünlichen Fröschen. Schon von Natur aus sehen sich der Kleine Wasserfrosch (Rana lessonae) und der Seefrosch (Rana ridibunda) so ähnlich, dass sie zuweilen selbst durcheinanderkommen. So ist der Teichfrosch (Rana esculanta) eigentlich gar keine eigene Art, sondern Produkt einer romantischen Beziehung von Seefrosch und Kleinem Wasserfrosch. Die Teichfrösche vermählen sich dann entweder wieder mit ihresgleichen oder mit einem Kleinen Wasserfrosch oder Seefrosch, so dass am Ende ein schönes verwandtschaftliches Tohuwabohu entsteht.

Am Ende des Rundgangs sind 36 Kröten, 31 Frösche und ein Teichmolch im Eimer. Die kleinen Molche scheinen so sehr ans Wasser angepasst, dass man ihnen längere Landspaziergänge gar nicht zugetraut hätte. Neben den kompakten Fröschen und Kröten wirkt dieser hier jedenfalls ziemlich zerbrechlich. Die Nacht im Eimer hat er an den Rand gedrückt offenbar gut überstanden. Zielstrebig kriecht er Richtung Wasser, nachdem er zusammen mit den anderen über die Straße getragen worden ist.

Der 1,6 Kilometer lange Abschnitt ist einer der Wanderschwerpunkte in der Region. Zumindest einer der Schwerpunkte, die Probleme bereiten. Es gibt schließlich genug Wanderwege, auf denen die Amphibien ohne gefährlichen Straßenverkehr zu ihren Laichgewässern kommen.

Dass der Zaun aber gerade dort steht, wo er steht, hat auch pragmatische Gründe. »Es gäbe schon noch drei oder vier andere Straßen in der Region, an denen man zum Schutz der Frösche und Kröten genauso dringend Zäune aufstellen sollte«, sagt Uta Drozdowski. Aber die Kontrolle ist so aufwendig, dass die Mitarbeiter der Naturwacht nur den einen Zaun in unmittelbarer Nähe ihres Stützpunktes bewältigen können. An dem halten Uta Drozdowski und ihre Kollegen eisern fest. Denn über Amphibien ist so wenig bekannt, dass jede statistische Erhebung, so klein sie auch sein

mag, hilfreich ist. Weil die Lurche zwischen Parey und Hohennauen schon seit vielen Jahren gesammelt und gezählt werden, lassen sich dort zumindest vage Trends bei der Entwicklung der Populationen feststellen. Insgesamt sind die Zahlen stark rückläufig. Von 1995 bis 2005 landeten im Frühjahr durchschnittlich rund 4000 Amphibien in den Eimern. Von 2006 bis 2013 ist der Schnitt auf unter 2000 gesunken.

Ein Grund dafür könnte die Witterung sein: In harten Wintern gehen viele Amphibien zugrunde. Ebenso in extrem trockenen Sommern. Meist jedoch sind die menschengemachten Auswirkungen gravierender. Die Bewirtschaftung der Ackerflächen ändert sich, oder der Wasserstand in den Laichgewässern wird abgesenkt, bevor die Kaulquappen ihre Metamorphose zum erwachsenen Tier vollziehen können. Auch die Globalisierung macht vor den Amphibien nicht halt. Seit einigen Jahren ist eine Pilzerkrankung (Chytridiomykose) auf dem Vormarsch, die für den weltweiten Rückgang bei vielen Arten mitverantwortlich gemacht wird. Auch am Krötenzaun in Parey wurde die Infektion 2009 bei einem Moorfrosch nachgewiesen.

Fakt ist, dass es weniger Amphibien gibt. Schuld daran ist ein ganzes Bündel an Veränderungen, angeführt vom Verlust geeigneter Lebensräume.

Wer also etwas für die Amphibien tun möchte, sollte sich unbedingt für den Erhalt und die Neuanlage von Kleingewässern einsetzen. Ein Besuch am Krötenzaun kann auch nicht schaden. Da sieht man nämlich, dass Kröten nicht gleich Kröten sind und dass sie – wenn man genau hinsieht – wunderschöne Augen haben.

WISSENSWERTES

WER

Kein anderes Wirbeltier durchläuft während seiner Entwicklung eine ähnlich spektakuläre Metamorphose wie die **Amphibien.** Kröten, Frösche, Molche und Salamander starten mit Kiemen und Fischschwanz ins Leben. In der Jugend wachsen ihnen dann Lungen und Beine, mit denen sie an Land klettern können. In Deutschland kommen 20 verschiedene Amphibienarten vor, in Europa sind es knapp 90. Weltweit gibt es etwa 6500 verschiedene Amphibienarten.

WO

Frösche, Kröten und Molche kommen fast überall in Deutschland vor, sind manchmal allerdings schwer zu beobachten. Einer der besten Orte, um Amphibien wirklich aus der Nähe zu sehen, ist deshalb der Eimer, in den die Tiere an Krötenzäunen plumpsen.

BESONDERES

Frösche und Kröten haben im Lauf der Evolution eine besondere Jagdwaffe entwickelt: die Zunge. Sie ist meist vorne am Unterkiefer befestigt und liegt verkehrt herum, also mit der Spitze nach hinten im Mund. Sie kann ein Mehrfaches der eigenen Körperlänge erreichen und blitzschnell in Richtung der anvisierten Beute geschleudert werden. Auf dem Weg von hinten nach vorne streicht die Zungenspitze am Gaumen entlang und nimmt dabei eine klebrige Substanz auf, an der die Beute dann kleben bleibt.

ALTER

Kröten werden in der Regel älter als Frösche. Erdkröten zum Beispiel haben eine Lebenserwartung von zehn bis zwölf Jahren. In Gefangenschaft wurde eine Kröte aber auch schon 37 Jahre alt.

SEX & SOZIALES

Die Paarung findet bis auf ein paar Ausnahmen immer im Wasser statt. Das Weibchen drückt die Eischnüre ins Wasser. Das Männchen gibt dann den Samen dazu. Damit das richtig klappt, nimmt die Frau den Mann huckepack. Bei den Erdkröten wird das Männchen zum Teil Hunderte Meter bis zum Laichgewässer getragen. Die Plätze auf dem Rücken sind begehrt. Bei vielen Arten entwickeln die Männchen während der Paarungszeit sogenannte Brunftschwielen an Händen oder Armen, mit denen sie sich besser auf dem Rücken festhalten können. Häufig wollen sich gleich mehrere Männchen an einem Weibchen festklammern. Hat es bereits eines auf den Rücken der Angebeteten geschafft, versucht es, sich mit kräftigen Tritten die Konkurrenz vom Leibe zu halten.

KULINARISCHES

Frösche und Kröten sind außerordentliche Fleischfresser. Auf dem Speiseplan von Kröten stehen Würmer, Schnecken, Asseln, Spinnen und unterschiedliche Insekten, die auf nächtlichen Streifzügen erbeutet werden. Das Nahrungsspektrum der Frösche ist ähnlich, allerdings überwiegen die Insekten. Die Beute wird jeweils als Ganzes verschluckt. Die Hinterbeine von Wasserfröschen gelten in vielen Teilen der Welt – auch in Europa – als außerordentlich schmackhaft. In Frankreich werden bis heute jedes Jahr viele Millionen Froschschenkel verspeist. Das zarte Fleisch soll ähnlich wie junges Hühnchen schmecken. Kröten fanden bisher nur in der Hexenküche Anwendung. Bereits seit der Antike ist bekannt, dass die Hautdrüsen mancher Krötenarten giftige Sekrete enthalten.

AUSSICHTEN

Von den 20 in Deutschland vorkommenden Amphibienarten stehen sieben als gefährdet oder stark gefährdet auf der Roten Liste des Bundesamtes für Naturschutz. Genaue Bestandserhebungen gibt es nicht. Aber mit Sicherheit gibt es in Deutschland heute viel, viel weniger Amphibien als noch vor 100 oder 50 Jahren. Das liegt vor allem daran, dass Kleingewässer immer noch zugeschüttet, trockengelegt, überdüngt oder sonst wie beeinträchtigt werden. Weil alle Arten zumindest in der Laichzeit auf Teiche und Tümpel angewiesen sind und ihre Eier am liebsten an ihrem Geburtsort ablegen, ist das fatal. Oft müssen auf dem Weg zum Wasser stark befahrene Straßen überquert werden. Dabei kommen jedes Jahr Tausende Frösche und Kröten zu Tode.

AUF SAFARI

DIE BESTE ZEIT

Kröten und Frösche wandern nicht nach Kalender, sondern nach dem Wetter. Sie machen sich auf den Weg, wenn die äußeren Bedingungen stimmen, das heißt, wenn die Nächte deutlich frostfrei und regnerisch sind. Die Wanderung beginnt oft Anfang März – Erdkröten und Grasfrösche machen den Anfang – und zieht sich bis weit in den April.

ANDERE TIERE

Zwischen Parey und Hohennauen laichen die Frösche und Kröten in großen Überflutungsflächen. Die seenartige Landschaft lockt im Frühling auch viele andere Tiere an. Im März und April kann man dort viele bunte Entenarten sehen, die gerade auf der Durchreise sind und eine kurze Rast einlegen. Löffelenten zum Beispiel, Schnatterenten, Reiherenten, Krickenten, Spießenten und Schellenten. Wasservögel sind immer sehr dankbare Beobachtungsobjekte. Sie sind ziemlich groß und auf der offenen Wasserfläche gut auszumachen. Außerdem ist das Gefieder der Männchen so unterschiedlich bunt, dass man die Arten (zumindest mit Hilfe eines Bestimmungsbuches) leicht auseinanderhalten kann.

ANDERE ORTE

Ein paar Kilometer nördlich von Parey liegt die Gemeinde Stölln mit dem Gollenberg. Der Gollenberg ist einer der ältesten Flugplätze der Welt. Dort absolvierte der Flugpionier Otto Lilienthal seine weitesten Flüge – und verunglückte 1896 tödlich. In Stölln kann man sich im Otto-Lilienthal-Zentrum über das Leben und Wirken des Flugpioniers informieren. Auf dem Gollenberg steht auch eine alte Iljuschin Il-62 der Fluggesellschaft Interflug zur Besichtigung. Zum Andenken Lilienthals wurde das Flugzeug in einem waghalsigen Manöver 1989 auf dem Gollenberg gelandet.

ZUR VORBEREITUNG

www.amphibienschutz.de
www.bund.net/themen_und_projekte/artenschutz/amphibien

DEUTSCHLANDWEITE DATENBANK

Der NABU hat auf seiner Internetseite www.nabu.de/tiereundpflanzen/amphibienundreptilien unter dem Stichwort »Aktion Krötenwanderung« deutschlandweit mehrere hundert Krötenzäune mit Kontaktadressen der jeweiligen Betreuer aufgelistet. Die Datenbank ist nicht immer auf dem neuesten Stand. Die Statistik für den Pareyer Krötenzaun endet beispielsweise 2006, obwohl auch danach fleißig gesammelt wurde. Auch wenn die Einträge nicht immer tagesaktuell sind, kann man über die Datenbank bequem herausfinden, ob und wo in der Nähe die Kröten in den Eimern landen, und dann einen Besuch vereinbaren.

DESSAU
S. 160–175
11

FAST WILD

KONIKS UND HECKRINDER IN DER ORANIENBAUMER HEIDE

Die Gegend rund um Dessau ist wegen ihrer Schlösser und Parks weltberühmt. Und wir übernachten ausgerechnet im Wald. Schließlich sind wir nicht nur hier, um die tolle Kulturlandschaft zu bewundern. Wir wollen auch Natur sehen. Der Weg in den Wald ist da schon mal ein ziemlich guter Anfang.

Auf dem Weg zum Leiner Berg, einem alten Forsthaus und Ausflugslokal, kommen wir an einem kleinen Fluss und einer feuchten Wiese vorbei. Ein Storch stakt durchs nasse Gras, ein Reiher leistet ihm dabei Gesellschaft. Dann rumpelt man noch ein paar hundert Meter den Waldweg entlang und ist da. Mitten im Wald und ziemlich allein mit dem Rauschen der Blätter, dem Gesang der Singdrosseln und einem gelegentlichen Muhen. Hinter dem Wald liegen die Elbauen, da weiden einige Dutzend Kühe. Das ist gut. So können Felix und Elisabeth direkt vor der Haustür ihr eigenes Großtiererlebnis haben, während ich mich auf die Suche nach Auerochsen und Wildpferden mache.

Am nächsten Morgen sitze ich also etwas eingeklemmt auf dem Beifahrersitz eines VW Lupo. Am Steuer ist Claudia Walter, sie wird mir beim Aufspüren der Tiere helfen. Natürlich suchen wir keine echten Auerochsen und Wildpferde. Die sind schon lange ausgerottet. Wir wollen Heckrinder und Koniks finden, zwei sehr widerstandsfähige Haustierrassen, die anders als ihre auf Hochleistung getrimmten Artgenossen in der kargen Oranienbaumer Heide ähnlich gut zurechtkommen wie echte Wildpferde und Auerochsen.

Wie die Parkanlagen in der Umgebung ist auch die Oranienbaumer Heide eine Kulturlandschaft. Sie ist durch die jahrzehntelange Nutzung als Truppenübungsplatz entstanden. Nach Abzug der Panzer um 1992 sollen nun die großen Pflanzenfresser helfen, den offenen Charakter der Heide zu bewahren, der ohne sie spätestens in 20 Jahren verloren wäre. Knapp 150 Tiere sind es, die sich auf einer 800 Hektar großen Fläche frei bewegen können. Claudia Walter ist wissenschaftliche Mitarbeiterin des Langzeitprojektes, das die Auswirkungen der Tiere auf die Vegetation dokumentiert. Normalerweise sind die Wege im ehemaligen Truppenübungsplatz für Autos tabu. Nur die Handvoll Biologen, die das Gebiet betreuen, hat Sondergenehmigungen. Die anderen Besucher können die Wege zu Fuß oder besser noch mit dem Fahrrad erkunden.

Die Landschaft ist zunächst waldiger, als man es bei einer Heide erwarten würde. Schuld daran ist die fehlende Nutzung der letzten 20 Jahre. Birken, Kiefern und hohe Büsche ergeben eine mal lichtere, mal dichtere Vegetationsschicht, die von Lichtungen und Grasflächen durchzogen ist. Vor den Rindern und Pferden liegt also noch eine Menge Arbeit. Die Wege sind schmal. Ab und zu rattert der Lupo im Schritttempo über einen Kuhrost. Der Elektrozaun, der Mensch und Tiere an den meisten Stellen voneinander trennt, ist so dünn, dass er beinahe in der Landschaft verschwindet. An einigen Stellen fehlt er ganz, so dass die Tiere frei von einem Weidegrund zum nächsten wechseln können.

Wir haben Glück. Es dauert nicht lange, und zwischen den Bäumen kommen die ersten Tiere hervor: Heckrinder. Fast die gesamte Herde, knapp 60 Tiere sind zu sehen. Schöne, kraftvolle Tiere mit ausladenden Hörnern und dunkelbraunem bis schwarzem Fell. Einige Kühe haben Kälber dabei. Von der ganzen Gruppe geht eine Dynamik aus, die mit der einer normalen Milchkuhherde nichts zu tun hat. Haustierrasse hin, geringe Ähnlichkeit mit dem Auerochsen her. Die Heckrinder bewegen sich so selbstbewusst, ja fast schon anmutig durch die Landschaft, dass man nur zu dem Schluss kommen kann, dass sie genau da sind, wo sie

hingehören. Während die Herde sich mit erstaunlicher Geschwindigkeit durch den Wald bewegt, kommt eine dunkel gefärbte Kuh an den Zaun getrottet und lässt sich von Claudia Walter an der Stirn kraulen. »Das ist Heide, unsere halbzahme Kuh, die wir mit einem Sender ausgestattet haben«, erklärt die Biologin. Rinder verwildern sehr schnell. Weil die Herde aber trotz aller Naturnähe regelmäßig untersucht werden muss, ist es wichtig, dass es in der Gruppe eine Kuh gibt, die an Menschen gewöhnt ist und bei der notwendigen Kontaktaufnahme mit gutem Beispiel vorangehen kann.

Heide entfernt sich wieder und trabt den anderen hinterher. Anders als bei den Pferden haben sich bei den Heckrindern in der Oranienbaumer Heide keine festen Territorien herausgebildet. Die Tiere durchstreifen das gesamte Gebiet gemeinsam. Der Rhythmus der Herde ist so aufeinander abgestimmt, dass der Großteil der Tiere zur gleichen Zeit frisst, ruht oder wiederkäut. Manchmal teilt sich die Herde auch auf. Weil dabei häufig die gleichen Gruppen zusammenbleiben, kann man zu dem Schluss kommen, dass es auch bei den Rindern so etwas wie Freundschaften gibt.

Ein gutes Stück vor uns wechseln die Heckrinder über den Weg. Der Bulle und eine Kuh bleiben stehen, heben die Köpfe und schauen in unsere Richtung. Fast sieht es so aus, als wollten sie den Weg für die anderen absichern. Ein paar Mütter mit kleinen Kälbern überqueren den Pfad als geschlossene Gruppe. Die Nachhut bilden einige Jungrinder, die im Laufschritt hinterhertraben. Auch ein junges Konik hat sich unter die Rinder gemischt. »Da sieht man, wie ausgeprägt das Bedürfnis nach der Herde ist«, erklärt Walter. Aus irgendeinem Grund hat das Pferd den Anschluss an seine eigene Herde verloren. Bis es wieder auf seinesgleichen trifft, nimmt es eben mit den Heckrindern vorlieb.

Wir fahren weiter. Die Landschaft sieht jetzt eher so aus, wie man sich eine Heide vorstellt: weite offene Flächen, in denen vereinzelt Bäume, meist Birken, stehen, die Schatten spenden. Der Boden ist mit Heidekraut und Gräsern bedeckt. An einigen Stellen kann man schmale Trampelpfade erkennen.

Sechs Koniks haben den schützenden Schatten einer Birkengruppe aufgesucht. Das Fell der Tiere ist einheitlich grau-cremefarben, die Mähne dunkel mit blonden Strähnen. Dicht gedrängt stehen die Stuten nebeneinander, der Hengst etwas abseits. Wie bei den Heckrindern drängt sich der Eindruck auf, dass die Tiere hier perfekt in die Landschaft passen. Sie machen nicht viel mehr, als sich mit dem Schweif gegenseitig die Fliegen aus dem Gesicht zu scheuchen und ab und zu ein paar Schritte im Kreis um den Baum zu laufen. Die Heide sieht so wenig nach Weide aus, dass man sich auch hier wie auf Safari fühlt.

Während wir uns langsam der Gruppe nähern, erzählt Claudia Walter vom Sozialverhalten der Pferde. Zu ihren Aufgaben gehört es, den Koniks und Heckrindern über Monate auf Schritt und Tritt zu folgen. Klingt nach Traumjob? Ist es auch, einerseits. Andererseits macht es natürlich auch nicht nur Spaß, bei 30 Grad im Schatten oder bei schneidendem Wind und Minusgraden hinter den erstaunlich flinken Rindern herzulaufen oder stundenlang neben einer Gruppe dösender Pferde zu stehen.

Anders als die Heckrinder haben sich die 80

Pferde, deren Bestand in den kommenden Jahren auf 120 vergrößert werden soll, in mehrere Gruppen aufgeteilt. »Es gibt drei territoriale Stutengruppen mit jeweils einem Haremshengst und eine Gruppe mit Junggesellen«, sagt Walter. Junge Hengste werden im Alter von zwei bis drei Jahren vertrieben, können manchmal aber auch länger bei der Herde bleiben. Die jungen Stuten schließen sich meist von selbst einer anderen Herde an. Manchmal werden sie auch von den Müttern aus der Herde vertrieben. So hat es die Natur eingerichtet, um Inzucht zu vermeiden.

Zwischen den verschiedenen Pferdegruppen in der Oranienbaumer Heide gibt es zum Teil intensive Kontakte. Die Herden verbinden sich für eine Zeit und grasen danach getrennt weiter, wobei die Stuten immer sehr genau wissen, wo sie hingehören. Nur während der Paarungszeit passen die Hengste besser auf ihre Stuten auf.

Nach einer Weile setzt sich die kleine Herde wieder in Bewegung. Der Hengst hält seinen Harem zusammen, scheint aber trotzdem kaum Chefallüren zu haben. Wo es langgeht, bestimmen die Stuten. Der Hengst trottet am Ende der Gruppe hinterher. Und auch wir fahren wieder zurück zum Parkplatz.

Elisabeth und Felix warten schon am Wörlitzer Schlosspark auf mich. Als Entschädigung dafür, dass sie aus logistischen Gründen nicht bei der Heckrinder-Safari dabei sein konnten, machen wir eine ausgedehnte Tour durch die wunderschöne Parkanlage. Die ist natürlich völlig anders als die Heide, aber ein paar Ähnlichkeiten gibt es doch: Beide Flächen sind vom Menschen geformt und

WIE MEGAHERBIVOREN DEN WALD AUFFRESSEN SOLLEN

Wald, Wald und nochmals Wald. Wenn man in den gemäßigten Breiten Europas ein Stück Land sich selbst überlässt, ist die Wahrscheinlichkeit ziemlich groß, dass darauf bald die ersten Bäume wachsen und schließlich ein geschlossener Wald entsteht. Dieser Prozess galt lange Zeit als Naturgesetz. Nach dieser Theorie ist Wald in weiten Teilen Europas der natürliche Zustand und so gut wie jede offene Landschaft erst durch den Menschen entstanden.

In jüngster Zeit wird diese vermeintliche Gesetzmäßigkeit in Frage gestellt: Nach der sogenannten Megaherbivoren-Hypothese konnten sich die Wälder nur deshalb überall durchsetzen, weil es durch den Jagddruck des Menschen nicht mehr genügend große Pflanzenfresser (Megaherbivoren) gibt, die sich ihnen in den Weg stellen können. Für die Anhänger dieser Hypothese sind nicht überall dichte und geschlossene Wälder die ursprüngliche Vegetationsform, sondern auch parkähnlichere Landschaften, die durch den Einfluss der Tiere mitgestaltet wurden und in denen sich lichte Wälder und offene Flächen abwechseln.

Für viele Ökologen ist die Hypothese so charmant, dass sie sie in Naturschutzprojekten einem Praxistest unterziehen. Auf ehemaligen Truppenübungsplätzen und anderen großen zusammenhängenden Flächen werden Wisente, Hirsche, Heckrinder, Konik- oder Przewalski-Pferde als Landschaftsgärtner eingesetzt. Sie sollen dabei helfen, die Bäume klein und die Landschaft offen oder zumindest halboffen zu halten.

Dabei geht es weniger um den Beleg der Megaherbivoren-Hypothese als vielmehr um den ökologischen Nutzen der Anwendung. In einem Mosaik aus verschiedenen Lebensräumen – mit Baumbestand in all seinen Abstufungen bis hin zur komplett offenen Landschaft, mit Hecken und Gehölzinseln – fühlen sich bedeutend mehr Arten wohl als in einem dichten, geschlossenen Wald. Nach Ende der militärischen Nutzung drohen viele Truppenübungsplätze zu verwalden. Mit Hilfe der großen Pflanzenfresser soll dieser Prozess aufgehalten oder zumindest verlangsamt werden.

sollen einen bestimmten Zweck erfüllen. Die Heide strebt dem Ideal möglichst unberührter Natur und hoher ökologischer Vielfalt nach. Der Park will idealtypische Landschaft sein, mit Seen und Bächen, Wäldern und Feldern, Felsen und Grotten, Sichtachsen und darin eingepassten Gebäuden.

Wir könnten uns in einer Gondel über die angelegten Seen und Kanäle schippern lassen. Wir entscheiden uns für den Landweg und müssen trotzdem nicht auf die Bootsfahrt verzichten. An verschiedenen Uferabschnitten warten kleine Fähren darauf, die Spaziergänger auf die andere Seite zu bringen. Felix gefällt am besten, wenn die Flöße, die mit Handkurbel und Drahtseil über den See gezogen werden, mit einem kleinen Rums das andere Ufer erreichen.

Aber auch der Landgang wird zum Abenteuer. Es gibt Schwing- und Hängebrücken, künstliche Felsen, auf die man klettern kann, und noch so einige andere Aussichtspunkte. Neben Schwänen, Enten und Möwen sieht man Libellen, Eichhörnchen, Buchfinken, Stare, Stieglitze und vor allem: Pfauen. Besonders gern halten die sich in der Nähe des Gotischen Hauses auf. Die Frage, ob die großen Vögel trotz der großen Federschleppen fliegen können, ist schnell beantwortet. Halbwegs elegant flattern sie über einen schmalen Wasserlauf und landen nur wenige Schritte von uns entfernt. Der Hahn schlägt ein Rad. Die Henne schaut eher beiläufig zu, weil sie sich mindestens genauso sehr für die Reiswaffel interessiert, die Elisabeth eigentlich an Felix verfüttert. Als wir andeuten, dass wir unter Umständen noch ein paar Waffelkrümel übrig haben, kommen die Pfauen so dicht, dass man ihnen mit der Hand über die bunten

DER TRAUM VOM AUEROCHSEN

Der letzte Auerochse (Bos primigenius) starb 1627 in einem Waldgebiet südwestlich von Warschau. Die Brüder Heinz und Lutz Heck waren nach dem Ersten Weltkrieg die Ersten, die sich an den leicht größenwahnsinnigen Versuch heranwagten, den Auerochsen durch Züchtung wieder auferstehen zu lassen. Die Brüder waren seit den 1920er Jahren bis zum Ende des Zweiten Weltkriegs Zoodirektoren in München und Berlin. Als solche hatten sie beste Kontakte und die finanziellen Möglichkeiten, das Projekt anzugehen. Sie kreuzten munter verschiedene Hausrinderrassen miteinander, bei denen ihnen auerochsentypische Merkmale aufgefallen waren.

Das erste Heckrind wurde 1932 der Öffentlichkeit präsentiert. Die Heckbrüder selbst waren mit dem Zuchtergebnis äußerst zufrieden und priesen es als den »neuen Auerochsen«. Tatsächlich war das vorgestellte Tier deutlich kleiner, kurzbeiniger und gedrungener als das angestrebte ausgestorbene Vorbild. Die Öffentlichkeit war vom Ergebnis der Abbildzüchtung nicht ganz so überzeugt wie seine Schöpfer und weigerte sich, die neue Rasse als Auerochsen anzuerkennen. Stattdessen setzte sich der Name Heckrind durch.

Heute gibt es Bemühungen, die Ähnlichkeit des Heckrinds mit dem Aussehen des Auerochsen zu erhöhen. Seit 1996 werden Heckrinder in Nordrhein-Westfalen mit anderen urwüchsigen Rinderrassen gekreuzt. Das so entstandene »Taurusrind« kommt dem Vorbild schon deutlich näher. Ein zweites Projekt (Tauros-Projekt) aus den Niederlanden versucht sich ebenfalls an einer Rück- beziehungsweise Abbildzüchtung. Bei der Zucht wird jedoch gänzlich auf Heckrinder verzichtet. Stattdessen kommen vor allem ursprüngliche südeuropäische Rinderrassen zum Einsatz. Ziel des Tauros-Projekts ist es, ein Rind zu züchten, das dem Auerochsen auch genetisch nähersteht. In Zukunft sollen diese Rinder in verschiedenen Regionen Europas ausgewildert werden und gänzlich ohne menschliche Obhut und Regulierung leben.

Federn streichen könnte. Eine besonders vorwitzige Vogeldame pickt die Krumen sogar direkt aus Elisabeths Hand. Ein anderes Pfauenpaar schleicht erst um die Terrasse des Gotischen Hauses herum und dann um uns. Etwas weiter weg hört man andere Pfauen lauthals ihr »Mihjou, mihjou« rufen, und Felix ist restlos begeistert.

Es ist fast egal, welchen Ort in der Umgebung man ansteuert. Fast alle haben Schloss und Park oder Tiere – oder von allem ein bisschen. Fast alle eignen sich hervorragend für einen Familienausflug. Das Wulfener Bruch zum Beispiel. Auch dort weiden Heckrinder und widerstandsfähige Pferderassen. Weil die beweidete Fläche mit insgesamt 150 Hektar viel kleiner ist als in der Oranienbaumer Heide, ist es dort einfacher, die Tiere schnell zu finden. Im Prinzip zumindest. Das katastrophale Hochwasser von 2013 hatte die Fläche meterhoch unter Wasser gesetzt. Die Tiere mussten evakuiert werden und wurden zum Teil auf andere Projekte verteilt. Erst 2015 soll hier wieder der ursprüngliche Bestand von rund 50 Tieren erreicht sein.

Andreas Wenk, ehemaliger Geschäftsführer der gemeinnützigen Gesellschaft Primigenius gGmbH, die sich um die Tiere im Wulfener Bruch und in der Oranienbaumer Heide kümmert, erklärt mir bei einer kurzen Fahrt durch die Heide, was alles zu tun ist, damit es den Tieren gut geht – und wie man dabei auch noch sämtliche Verordnungen, Öko- und Naturschutzvorgaben von EU und Veterinärämtern einhält. »Vor allem die Heckrinder können und dürfen wir nicht komplett sich selbst überlassen«, sagt Wenk. Die Heideflächen sind so mager, dass sie der Rinderherde im Winter nicht genug Nahrung liefern können. Bei Frost und Schnee wird in Oranienbaum regelmäßig zugefüttert. Im Wulfener Bruch ist das nur manchmal nötig.

Wegen des mageren Futters wird dafür gesorgt, dass alle Kälber im Frühjahr oder Frühsommer geboren werden. Das gelingt ganz einfach dadurch, dass ein Bulle immer nur im Sommer für drei Monate zu der Herde kommt. Um Inzucht zu vermeiden, wird jedes Jahr ein anderer Bulle eingesetzt. »Unter ganz natürlichen Bedingungen wäre es wohl so, dass dominante Bullen mehr oder weniger flexible Reviere verteidigen, durch die dann die weiblichen Tiere mit ihrem Nachwuchs ziehen«, sagt Wenk. »Aber unsere Gebiete sind dafür zu klein.«

Die Pferde in der Oranienbaumer Heide sind der Natur dagegen schon ein großes Stück näher gekommen. Wie in freier Wildbahn haben sich stabile Herdenstrukturen entwickelt. Dadurch kann Inzucht auch ohne menschliche Eingriffe halbwegs effektiv vermieden werden. Weil die Population insgesamt aber so klein ist und kein natürlicher Austausch mit Pferden anderer Gebiete möglich, wird der Genpool der Gruppe immer wieder durch andere Koniks aufgefrischt.

Und es gibt weitere Eingriffe: Wachsen die Populationen zu stark, können überzählige Tiere nicht in andere Gebiete abwandern. Sie müssen eingefangen, an andere Projekte verkauft oder geschlachtet werden. Außerdem wurden im ganzen Gebiet verteilt künstliche Tränken installiert, weil die Oranienbaumer Heide zu wenig natürliche Wasserquellen bietet.

Andreas Wenk deutet auf ein ziemlich massives Metallgatter, das in der Ferne hinter hohen Büschen steht. Von solchen Umzäunungen gibt es

einige in der Heide. »Dort treiben wir die Tiere zusammen, wenn wir sie untersuchen wollen«, sagt Wenk. Allen Heckrindern werden einmal im Jahr durch einen Tierarzt Blutproben entnommen, Vorschrift der EU. Wie ganz normale Kühe haben auch diese Rinder gelbe Plastikmarken im Ohr, über die sie eindeutig zu identifizieren sind. Täglich muss zudem ein Mitarbeiter von Primigenius durch die Heide fahren und die Rinder lokalisieren. Noch so eine Vorschrift, durch die deutlich wird, dass die Rinder zumindest für die Behörden eindeutig den Haus- und nicht den Wildtieren zuzuordnen sind.

Wird das Naturerlebnis in der Heide nun dadurch geschmälert, dass die Tiere vom Menschen gemanagt, kontrolliert und ausgetauscht werden müssen? Für mich ist die Antwort klar: Kein bisschen! Es mag Einschränkungen geben, aber insgesamt sind die Tiere hier so frei, dass sie ihre natürlichen Verhaltensweisen ausleben können. Besser geht es in Deutschland (noch) nicht.

WISSENSWERTES

WER

Das Heckrind ist der lebende Versuch, den **Auerochsen (Bos primigenius)** wieder zum Leben zu erwecken. Es handelt sich dabei um eine Hausrinderrasse mit kräftigen Hörnern und dunklem Fell, die dem ausgestorbenen Tier ähnlich sieht – zumindest ein bisschen. Das erste Heckrind kam 1932 zur Welt.

Das Konik (polnisch: Pferdchen) ist im 19. Jahrhundert in Polen aus der Vermischung wilder oder verwilderter Pferde mit Hauspferden entstanden. In den 20er und 30er Jahren gab es Versuche mit ihnen, durch natürliche Selektion wieder ein echtes Wildpferd entstehen zu lassen. Geklappt hat es nicht. Koniks haben ein cremefarbenes Fell und sehen mit dem dunklen Aalstrich Wildpferden immerhin ziemlich ähnlich.

WO

Seit den 1980er Jahren werden Heckrinder und Koniks in großen Naturschutzgebieten zur Landschaftspflege eingesetzt. Sie sollen dabei helfen, Büsche und Bäume in einem bestimmten Gebiet so kurz wie möglich zu halten. Das größte Beweidungsprojekt mit Heckrindern und Koniks in Deutschland liegt in der Oranienbaumer Heide bei Dessau. Auf 800 Hektar leben rund 60 Heckrinder und 80 Koniks unter weitgehend natürlichen Bedingungen.

BESONDERES

Heckrinder sind Wiederkäuer. Damit verfügen sie wie alle Rinder über einen Verdauungsapparat, der ein Wunderding sondergleichen ist. Die vier Mägen sind in der Lage, aus der eintönigen Grünkost alles an Energie rauszuholen, was drin ist. Möglich wird das durch Trillionen von Bakterien und Einzellern, die den Wiederkäuern die unverdaulichen Nährstoffe aufschließen. Es gibt aber auch eine Kehrseite: Für einen reibungslosen Ablauf muss ein Rind täglich bis zu 150 Liter Speichel produzieren und dafür bis zu 180 Liter trinken. Als Abfallprodukt dieser Nahrungsverwertung entstehen täglich rund 200 Liter des Treibhausgases Methan, die in die Luft gerülpst oder gebläht werden. Auch Pferde verfügen über viele bakterielle Helfer im Körperinnern, aber nur über einen Magen. Der Großteil der Verdauung findet im stark vergrößerten Blinddarm statt. Das System ist – bei gleicher Nahrungsmenge – deutlich weniger effektiv als bei den Wiederkäuern.

ALTER

Die mögliche Lebenserwartung bei Heckrindern und Konikpferden liegt ähnlich wie bei anderen Pferden und Rindern bei 20 bis 30 Jahren.

SEX & SOZIALES

Die Koniks leben in Herden, bei denen jeweils ein Hengst die Stuten in einem bestimmten Territorium zusammenhält und sich mit ihnen paart. Junghengste, die geschlechtsreif werden, werden aus der Herde vertrieben und finden sich zu Junggesellentrupps zusammen.

Bei den Heckrindern hat sich in der Oranienbaumer Heide nur eine Herde gebildet, die das gesamte Gebiet durchstreift. Die Kühe werden von einem Bullen gedeckt, der jedes Jahr für drei Monate zur Herde gebracht wird.

Bei beiden Arten sind die Bindungen zwischen Müttern und Töchtern stark ausgeprägt und halten auch dann noch, wenn diese selbst Nachwuchs bekommen oder sich einer anderen Herde angeschlossen haben.

KULINARISCHES

Pferde und Rinder sind reine Pflanzenfresser, vor allem mögen sie Gräser. Sie fressen aber auch frische Blätter und Triebe von Büschen und Bäumen. Das ist wichtig, schließlich sollen sie den offenen Charakter der Heide erhalten. Das Fleisch der Heckrinder und Koniks schmeckt ähnlich wie das anderer Rinder und Pferde.

AUSSICHTEN FÜR DEN NATURSCHUTZ

Die Zahl der Beweidungsprojekte wird größer. Heckrinder und Koniks haben also alle Hufe voll zu tun. Seit einiger Zeit gibt es Bemühungen, ein Rind zu züchten, das dem Auerochsen noch ähnlicher ist als das Heckrind. Zum Teil werden diese Neuzüchtungen wieder mit Heckrindern gekreuzt, so dass der Übergang zwischen den Rassen fließend ist.

AUF SAFARI

DIE BESTE ZEIT

Koniks und Heckrinder können das ganze Jahr über in der Oranienbaumer Heide beobachtet werden. Die schönen Schlossgärten und Landschaftsparks in der Region kommen aber mit Blättern und Blüten deutlich besser zur Geltung als ohne. Deshalb empfiehlt sich ein Besuch zwischen April und Oktober.

DAS BASISLAGER

Ein guter Anlaufpunkt für eine Tour durch die Oranienbaumer Heide ist das Auenhaus des Biosphärenreservats Mittelelbe, das direkt an der Bundesstraße 107 zwischen Dessau und Oranienbaum liegt (Am Kapenschlösschen 3, 06785 Oranienbaum, Tel.: 034904/40631). Außer einer kleinen Ausstellung findet der Besucher dort auch Kartenmaterial über die Region. Bislang existiert allerdings kein Ort, der über die Koniks und Heckrinder in der Oranienbaumer Heide informiert. Auch die Ausschilderung ist dürftig. Da es auch keinen Fahrradverleih direkt vor Ort gibt, bringt man am besten sein eigenes Rad mit. Mit dem kann man dann auch die schönen Abschnitte des Elberadweges fahren.

VERSORGUNGSLAGE MITTELPRÄCHTIG

In Dessau und rum um Wörlitz gibt es eine ganze Reihe Übernachtungsmöglichkeiten und Restaurants.

ANDERE TIERE

Vom Auenhaus aus erreicht man nach einigen hundert Metern eine Biberfreianlage (Anmeldungen unter 034904/40614 oder -15). An einem rund 650 Quadratmeter großen Gewässer, das von Bäumen und Sträuchern umgeben ist, lebt – eingezäunt, aber unter natürlichen Bedingungen – eine Biberfamilie. Wenn man etwas Geduld mitbringt, kann man beobachten, wie die Biber nach Einbruch der Dämmerung langsam aktiv werden.

ZUR VORBEREITUNG

www.dbu.de/123artikel29377_1038.html
www.nabu-koethen.de/primigenius-ggmbh/weidetiere
www.gartenreich.com
www.bauhaus-dessau.de

HIN & HER

Über die Autobahn A 9 Berlin–Nürnberg, Abfahrt Dessau-Ost. Von dort auf der B 107 Richtung Oranienbaum–Wörlitz. Das Auenhaus des Biosphärenreservates liegt nach etwa einem Kilometer auf der linken Seite. Mit der Bahn: Mit dem ICE oder IC bis Lutherstadt Wittenberg, Bitterfeld, Halle oder Magdeburg, weiter mit Regionalexpress nach Dessau. Von Berlin mit dem Regionalexpress. Über die Oranienbaumer Chaussee und die B 107 erreicht man das Auenhaus nach etwa sieben Kilometern.

OBERALLGÄU

S. 176–193

12

DIE DEN ADLER VERPFEIFEN

MURMELTIERE IN DEN ALLGÄUER HOCHALPEN

Die lange Fahrt steckt uns noch in den Knochen. Knapp 1000 Kilometer von Berlin bis ins hinterste Allgäu, nach Hinterstein. Endlich sind wir angekommen im Murmeltierland.

Ich steige aus und atme tief ein. Klare Bergluft. Und neben dem Rauschen der Ostrach hört man schon hier im Tal Kuhglocken. Nur ein paar hundert Meter weiter beginnen die richtigen Berge. Am liebsten würde ich gleich jetzt noch da rauflaufen und nach Murmeltieren suchen. Geht aber leider nicht, denn es wird schon dunkel, und gegessen haben wir auch noch nichts Richtiges. Um wenigstens ein bisschen in Vorfreude schwelgen zu können, frage ich die Gäste im Wirtshaus nach den besten Murmeltierorten: »Entschuldigen Sie, wir würden sehr gerne Murmeltiere sehen und haben gehört, dass es hier in der Nähe besonders viele gibt. Wo finden wir die denn?«

»Ach, Murmele?! Die hat's hier überall. Da müssen S' in den Bergen nur auf das Pfeifen achten, dann sehen S' schon welche.« So geht das überall, egal wen man fragt. Keine klaren Instruktionen, keine genauen Wegbeschreibungen, nur in einem sind sich alle einig: Der beste Ort, um zur Murmeltier-Expedition aufzubrechen, ist das Giebelhaus, das man bequem mit dem Bus von Hinterstein erreicht.

Na gut. Am nächsten Morgen stehen wir um neun Uhr an der Haltestelle neben einer winzigen Kapelle und warten auf den Bus. Die Fahrt zum Giebelhaus ist auch ohne Nagersichtung schon die Reise wert. Der Bus quält sich in vielen Kehren den Berg hinauf. Als kleiner Nervenkitzel geht es mehrmals so dicht an den tiefen Schluchten vorbei, dass wir uns auf unseren Sitzen instinktiv zur Bergseite lehnen. Außerdem muss der Fahrer immer wieder Kühe von der Straße scheuchen, die alle sehr glücklich aussehen und – nur durch Viehroste und ein paar Zäune beschränkt – ziemlich frei in den Bergen herumvagabundieren. Die Touristen im Bus amüsieren sich jedes Mal, wenn eine Kuh sich besonders viel Zeit lässt, um den Weg freizugeben. An der Endstation am Giebelhaus merkt man dann, dass sich auch die Kühe über die Besucher amüsieren. Wer schon immer mal einer Kuh ganz tief in die Augen schauen, sie hinter den Ohren kraulen oder mit Gras füttern wollte, hat hier definitiv Gelegenheit dazu. Einige scheinen geradezu auf Kontaktaufnahme mit der Busladung zu warten und stehen wie zufällig genau in der Wendeschleife. Wir spielen natürlich mit: Wir streicheln und füttern, was das Zeug hält. Felix rupft Grasbüschel aus, die wir verfüttern sollen, und traut sich auf dem Arm schließlich auch selbst ran. Vor allem findet er es außerordentlich komisch, als eine Kuh plötzlich das Verdeck unseres Kinderwagens auf dem Kopf hat, den wir kurz allein gelassen haben.

Aber eigentlicher Grund der Reise sind ja die Murmeltiere.

Bei einer Brotzeit auf der Terrasse des Giebelhauses frage ich deshalb noch mal nach den besten Beobachtungsorten, erhalte wie im Tal die Standardantwort »Die hat's hier überall« und hake noch mal nach. »Wissen Sie, ich bin so ein Naturverrückter und den ganzen weiten Weg von Berlin hierher nur der Murmeltiere wegen gekommen. Deshalb ist es mir so wichtig, auch welche zu sehen.« »Ach so«, antwortet die Wirtin und deutet auf einen Weg, der nach rechts führt. »Dann gehen S' am besten da entlang.« Ich schöpfe Hoffnung. »Und dann?« »Dann müssen S' einfach auf das Pfeifen achten, die Murmele sind hier überall.« Wie es aussieht, müssen Touristen ihre Murmeltiere hier selber finden. Meinetwegen.

Alpsennerei
Laufbichl
Bewirtschaftet von
Juni – September
Fussweg
Radfahrer
n. 300 m. rechts

Giebelhaus

Wir sind gut vorbereitet und nehmen die Herausforderung an.

Der von der Wirtin gewiesene Weg führt zur Bärgündele-Alp, die in einer Höhe von 1322 Metern liegt. Die Forststraße, die am Giebelhaus startet, ist den Großteil der Strecke über asphaltiert. Das schmälert den unmittelbaren Natureindruck ein bisschen, aber dafür lässt sich der Nachwuchs bequem in der Karre schieben. Um uns von den Strapazen des Aufstiegs abzulenken, versuchen wir unser Murmeltierwissen mit den örtlichen Gegebenheiten abzugleichen: Die Nager sind bedeutend kleiner als die Kühe und tragen auch keine Glocken um den Hals. Das ist schlecht, weil sie damit in der Weite der Berge viel weniger auffallen als das Nutzvieh. Dafür legen Murmeltiere ihre Kolonien am liebsten auf sonnenbeschienenen, baumlosen Südhängen an. Das ist gut, weil man im Dickicht der Stämme ohnehin keine Chance hätte, sie zu erspähen. Aber ein fast bibergroßes braunes Tier auf einer grünen Wiese, das sollte machbar sein.

Wir kommen auch gleich an vielen geeigneten Hängen vorbei: beste Südlage. Keine zu üppig gewachsene Vegetation und nicht zu viele Kühe. Die Tiere wollen nämlich weder die Übersicht über ihre Umgebung verlieren noch beim Fressen ständig auf die Kühe achten müssen. Auch die Witterung spielt mit. Es ist sonnig, aber nicht heiß. Bei zu hohen Temperaturen bleiben die Murmeltiere im Bau. Mit dem dichten Fell und der zentimeterdicken Speckschicht sind sie bestens für ein Leben in der Kälte ausgerüstet. Wird es zu heiß, droht ein Hitzschlag. Nicht umsonst haben sich die Murmele nach Ende der letzten Eiszeit in die kühleren Lagen der Berge zurückgezogen.

Wir wandern durch schönste Landschaft, sehen mächtige Wasserfälle, ein tolles Bergpanorama und Schneetrichter, die sich im Schatten bis in den Sommer gehalten haben. Nur Murmeltiere sehen wir nicht. Und so begleiten uns bis zur Ankunft auf der Bärgündele-Alp nagende Fragen: Waren die Murmeltiere da und wir haben sie übersehen? Haben sie sich in ihren Bauen versteckt, und wenn ja, warum? Ist das womöglich doch nicht so ein tolles Murmeltiergebiet?

Als Expeditionsleiter ist es meine Aufgabe, die Moral unserer kleinen Reisegruppe wieder zu heben. »Die Gegend ist perfekt für Murmeltiere, ich weiß es!«, rufe ich aus und zähle noch einmal die Fakten auf: Murmeltiere kann man erst ab einer Höhe von 800 Metern sehen. Die Bärgündele-Alp liegt gut 1300 Meter hoch, also schon deutlich darüber. Die Tiere brauchen weite, baumfreie Hänge mit einem Boden, der gut zum Graben geeignet ist und nicht zu viel Wasser durchlässt – genau wie hier. Wo die Wiesenkräuter üppig wachsen und sich Störungen durch Menschen oder Kühe in Grenzen halten. Genau wie hier! Das beste Argument hebe ich mir für den Schluss auf: »Ich habe mit DEM Oberallgäu- und Murmeltierexperten gesprochen. Und der hat mir versichert, dass es weit und breit keinen besseren Ort zur Beobachtung gibt als dieses Tal hier.« Doch Elisabeth guckt immer noch skeptisch, und Felix ist sowieso alles egal. Er mampft ein Stück Kuchen und schlägt die hölzerne Gartenpforte immer wieder auf und zu.

Zur weiteren Unterstützung wende ich mich an die Bärgündele-Wirtin: »Ach, Murmele, die gibt's hier überall.« Jaaaaa, wissen wir. Doch dann wird sie konkreter: Erst vor ein paar Stunden hat sie ganz in der Nähe der Alpe welche gesehen. An diesem halbrunden Hang, der sich zwischen zwei Bächen wie zu einem Amphitheater öffnet, gleich nachdem man vom asphaltierten Weg auf den schmalen Pfad zur Alp abgebogen ist.

Da sind wir doch vorhin erst vorbeigekommen. Wir hatten den Ort auch als vielversprechend erkannt, aber nix gesehen. Vielleicht hat der Nachwuchs uns gerade abgelenkt? Wahrscheinlicher ist, dass sich unsere Aufmerksamkeit unterwegs abgenutzt hat. Es kann nämlich ganz schön ermüdend sein, jeden braunen Fleck am Hang unter die Lupe zu nehmen, nur um festzustellen, dass es keine Tiere, sondern wieder nur Felsbrocken oder Holzstücke sind.

Die Brotzeiten auf den Alpen sind herrlich. Bergkäse, Landjäger, Holunderlimonade und Kuchen. Alles selbst gemacht. Mit den Kalorien kehrt auch die Zuversicht zurück. Frisch motiviert machen wir uns auf den Heimweg. Und tatsächlich: Nur 30 Meter vom Weg entfernt sitzt am beschriebenen Ort ein fettes Murmeltier vor seinem Bau und frisst Wiesenhalme. Wahrscheinlich hat es schon die ganze Zeit da gesessen. Auf dem Hinweg hätten wir es wohl nicht einmal bemerkt, wenn es laut gepfiffen und auf und ab gesprungen wäre. Jetzt sehen wir es, obwohl es fast reglos vor seinem Bau sitzt. Unser erstes Murmele! Felix schläft zum Glück in der Karre. Ansonsten hätte er bestimmt einen mittelgroßen Tumult verursacht und versucht, auf das lustige Wesen zuzulaufen. Keine gute Idee.

Wenn man ruhig bleibt, sich vorsichtig bewegt und einen vernünftigen Mindestabstand einhält, sind die Murmeltiere Menschen gegenüber recht tolerant. Wenn sie durch einen Graben oder Weidezaun von den Gaffern am Wegesrand getrennt sind, lassen sie sich sogar fast gar nicht stören. Versucht aber jemand, in ihr Territorium einzudringen, verschwinden sie sofort in ihrem Bau, in dem sie ohnehin mehr als 80 Prozent ihrer Lebenszeit verbringen. An der Bärgündele-Alp gibt es keine Zäune. Aber die Tiere kennen den ausgetretenen Pfad der Menschen sehr genau. Bleibt man auf dem Weg, kann man sie ungestört und ohne zu stören beobachten.

Anfang der 1990er Jahre war für kurze Zeit ein Buch populär, das »Das Magische Auge« hieß. Wenn man unbedarft durch die Seiten blätterte, sah man nur wirre bunte Muster, die offensichtlich von einem Computerprogramm erzeugt worden waren. Der Clou war, dass sich auf jeder Seite ein dreidimensionales Bild versteckte, das man nur sehen konnte, wenn man die Augen zusammenkniff und das Buch in einem bestimmten Abstand zum Kopf hielt. Um die Bilder entdecken zu können, musste man wissen, oder zumindest fest daran glauben, dass es sie wirklich gab. Genauso ist das mit Murmeltieren: Wenn man weiß, dass sie auf einem bestimmten Hang leben, starrt man einfach so lange, bis sich eines materialisiert. Und hat man erst einmal eins im Kasten, entdeckt man mit großer Wahrscheinlichkeit noch weitere. So ging es jedenfalls uns an der Bärgündele-Alp. Auf einem kleinen Felsvorsprung entdecken wir ein zweites, im hohen Gras versteckt ein drittes.

Genauer bestimmen können wir sie nicht: Die Geschlechter sind auch für den Fachmann kaum zu unterscheiden. Die Fellfarbe ist identisch und das Männchen höchstens einen Tick größer als das Weibchen. Jungtiere sind es mit Sicherheit nicht. Die kommen erst im Juli aus dem sicheren Bau

PRONTO

und sind dann noch deutlich kleiner und verspielter als die alten.

Egal ob Fressen, Schnuppern, Putzen oder einfach nur Dasitzen – bei allem, was sie tun, wirken die Murmeltiere hoch konzentriert. Vermutlich liegt das daran, dass jeder Ausflug nach draußen mit hohem Risiko verbunden ist: Wo es viele Murmeltiere gibt, fühlt sich auch der Steinadler wohl. Sommerfette Nagetiere zählen zu seinen Lieblingsspeisen. Jede Unachtsamkeit kann da tödlich sein. Allzu große Schreckhaftigkeit aber auch. Die Murmeltiere müssen ja genug fressen, um über den langen Winter zu kommen. Jeder Sprint in den Bau kostet da wertvolle Zeit und Energie. Deshalb haben sie gelernt, sehr genau zwischen realen Bedrohungen wie Adler oder Fuchs und meistens harmlosen Wanderern zu unterscheiden. Als wir schließlich den Rückweg antreten, bleiben die Murmeltiere völlig unbeeindruckt.

Wenn wir nicht gerade in den Bergen sind, genießen wir das Bergdorf, das wir als Basislager ausgewählt haben. Alle Dörfer der Gemeinde Bad Hindelang haben ihren Charme. Aber Hinterstein, von wo aus man die Murmeltiergebiete am schnellsten erreicht, ist besonders schön. Es gibt keinerlei Durchgangsverkehr, die Illusion der heilen Bergwelt lässt sich dort also besonders gut aufrechterhalten. Die touristische Infrastruktur ist dennoch bestens ausgebaut. Es gibt 40 Pensionen und ein Kneipp-Schwimmbad mit dem schönen Namen »Prinze Gumpe«. Direkt hinter unserem Garten verläuft ein Wanderweg, der zum nächstgelegenen Gasthaus führt. Über einen anderen Wanderweg erreicht man in wenigen Minuten auch das Kutschenmuseum, das man sich auf keinen Fall entgehen lassen sollte. Dass es sich nicht um ein Museum im herkömmlichen Sinne handelt, wird spätestens klar, wenn die knarzende Holztür hinter einem zufällt und sich die Augen langsam an das Schummerlicht gewöhnen. Man steht in einem schmalen, abschüssigen Gang, der vollgestellt ist mit Trachten tragenden Schaufensterpuppen, ausgestopften Pumas und Bären, Steinen, alten Kaffeekannen, Werkzeugen, Fundstücken und Deko-Artikeln aller Art. Kutschen gibt es tatsächlich auch zu sehen, aber die gehen in der Flut der anderen Kuriositäten fast unter. Vom ersten Gang zweigen verschiedene Kammern und weitere Gänge ab, so dass man bald die Orientierung verliert. Man weiß nicht recht, ob man sich in einem Dachsbau, einer Geisterbahn oder der Behausung eines Schätze hortenden Trolls befindet. Wenn man lange genug herumirrt, stößt man sogar auf ein paar ausgestopfte Murmeltiere – und auf ein paar andere Besucher, die genauso verzaubert durch die dunklen Gänge laufen wie wir.

Auf unserer zweiten Safari probieren wir den anderen Weg aus, der vom Giebelhaus in die Berge führt. Das Tal, das man auf dem Weg zur Laufbichl-Alp durchquert, ist deutlich lieblicher als die Umgebung der Bärgündele-Alp, und es gibt noch mehr saftige Südhänge. Also perfektes Murmeltiergebiet. Wir versuchen uns an den einzig wirklich konkreten Tipp zu halten, den uns die Einheimischen gegeben haben: »Achten S' auf das Pfeifen.« Wir lauschen jedem Geräusch zwischen Windesrauschen und schlecht geölter Karre hinterher. Pfeifen ist schließlich nicht gleich Pfeifen. Überhaupt ist es erstaunlich, wie viel in den Bergen gepfiffen wird: Wenn zwei windschiefe

Baumstämme kräftig aneinanderreiben, ist außer dem Ächzen und Knarzen auch ein hohes Quietschen zu hören, das genau wie ein schriller Pfiff klingt. Selbst beim Rauschen des Wasserfalls kann man sich einen pfeifenden Unterton einbilden, wenn man nur lange genug lauscht.

Die Murmeltiere verraten sich am Ende dann nicht durch ihr Pfeifen, sondern durch eine Gruppe Wanderer, die verdächtig lange auf einen Hang starrt. Dort sitzen fünf Tiere und futtern entspannt in der Nachmittagssonne. Wir stellen uns dazu, schauen eine Weile, und irgendwann kommt er dann doch, der Pfiff. Er ist schrill und durchdringend, und wenn man ihn hört, dann weiß man einfach – das können nur Murmeltiere sein. Ein Nachbar auf der anderen Seite des Tals pfeift mehrmals kurz hintereinander, und die Tiere reagieren sofort. Keines rennt panisch in den Bau, aber alle setzen sich auf die Hinterbeine, um die Lage besser überblicken zu können. Hin und wieder schauen sie auch in unsere Richtung. Und erst nach ein paar Minuten nehmen sie ihre unterbrochene Tätigkeit wieder auf.

Murmeltiere haben zwei unterschiedliche Warnrufe. Ein einzelner Pfiff bedeutet »Alarmstufe Rot«, unmittelbare Lebensgefahr, Steinadler im Sturzflug, also ab in den Bau. Die Pfiff-Folge, die wir gehört haben, bedeutet nur »Alarmstufe Gelb«: erhöhte Aufmerksamkeit. Wir werden nach gründlichem Sicherheits-Check freundlicherweise als harmlos eingestuft und durchgewinkt.

So konnten wir eine ganze Reihe Murmeltiere bei ganz unterschiedlichen Dingen beobachten und fanden sie dabei immer – nun ja – niedlich. Für einen Naturliebhaber, der Tiere möglichst genau beobachten und beschreiben will, ist das ein eher peinliches Bekenntnis. Aber wenigstens befinde ich mich in guter Gesellschaft. Alle Welt findet Murmeltiere niedlich. Schon wegen ihrer Fähigkeit, Männchen zu machen. Und dann leben sie auch noch als Großfamilien in selbst gebauten Behausungen. Dem Anthropomorphismus (so nennt man die Vermenschlichung von Tieren) sind so Tür und Tor geöffnet. Wir hegen nun mal besondere Sympathien für Lebewesen, die uns zumindest ein bisschen an uns selbst erinnern. Und am liebsten unterstellen wir ihnen auch gleich menschliche Regungen.

Komisch eigentlich. Unseren Nachbarn gucken wir ja in der Regel auch nicht gerne stundenlang beim Essen oder anderen Alltagsbeschäftigungen zu. Tieren, die uns wenigstens in einer winzigen Eigenschaft ähnlich zu sein scheinen, schon. Wir haben dann das gute Gefühl, die Natur endlich einmal wirklich zu verstehen und genau nachempfinden zu können, warum ein Tier dieses tut und jenes lässt. Wir fühlen schließlich oft ganz ähnlich, oder?!

Nein, tun wir natürlich nicht! Am Ende des kurzen Sommers sind Murmeltiere nicht fett, weil sie wie Onkel Harald das Leben und gutes Essen ganz besonders genießen. Sondern weil sie in nur knapp sechs Monaten genug für ein ganzes Jahr fressen müssen. Wie viele Menschen sind sie dabei übrigens sehr wählerisch. Und auch das hat gute Gründe. Ist das Angebot an Wiesenkräutern ausreichend, wählen sie gezielt die mit vielen ungesättigten Fettsäuren aus (Alpenklee zum Beispiel oder Berg-Wegerich). Während des Winterschlafs sorgen die Fettsäuren dann dafür, dass der Murmeltiermotor auch bei niedrigen Temperaturen nicht ins Stottern gerät.

So können sie im Winter überleben, obwohl die Körpertemperatur auf bis zu fünf Grad Celsius herunterfährt.

Tatsächlich gibt es für jede menschliche Verhaltensweise, die wir den Tieren zuschreiben, eine rationale Erklärung. Wenn man allerdings zu sehr darauf herumreitet, geht einiges vom Spaß der Tierbeobachtungen verloren. Außerdem liegen wir mit unseren anthropomorphen Vermutungen ja auch nicht immer komplett daneben: Es stimmt zwar, dass sich Murmeltiere im Winter vor allem deshalb so eng aneinanderkuscheln, weil sie bei kalten Temperaturen zu überleben versuchen. Andererseits ist es aus evolutionärer Sicht gerade deshalb sinnvoll, dass sie ein besonders starkes Bedürfnis nach Nähe entwickelt haben. Der letzte Sozialphobiker der Art dürfte schon vor vielen, vielen tausend Wintern in einer einsamen Höhle erfroren sein. Die freundlicheren Gemüter haben sich durchgesetzt. Wir konnten jedenfalls auch im lichten Sommer beobachten, wie ein Tier ohne Not ganz gezielt Kontakt suchte, schnurstracks zu einem anderen lief, sich beide auf die Hinterbeine setzten, an den Pfoten fassten und ausgiebig das Gesicht des anderen beschnupperten. Einfach so.

WISSENSWERTES

WER

Das Alpenmurmeltier (Marmota marmota) hat anders als der Nacktmull oder die gemeine Wanderratte das Glück, von vielen Menschen für niedlich befunden zu werden. Es hat einen meist dunklen Kopf, ein dichtes graubraunes Fell und kräftige Pfoten, die sich sehr gut zum Graben eignen. Murmeltiere haben ein echtes Jojo-Gewicht, das je nach Jahreszeit zwischen zwei und vier Kilogramm liegt. Damit sind sie nach Bibern und Stachelschweinen immerhin die drittgrößten Nagetiere.

WO

Murmeltiere mögen's gern kühl. In Deutschland kommen sie nur in Lagen über 1000 Meter in den Alpen und im Schwarzwald vor. Nach der letzten Eiszeit haben sie sich in die kühlen Berge zurückgezogen. Weil es bei uns überall sonst zu warm ist, kommen sie von ihren Gipfeln nun nicht mehr herunter. Die Berge sind für sie zur rettenden Insel im großen Wärmemeer geworden. Sehr gute Beobachtungsmöglichkeiten gibt es bei Hinterstein im Oberallgäu auf den Wanderwegen rund um das Giebelhaus.

BESONDERES

Im Spätsommer mutieren die Nager zu kleinen Landwirten. Sie beißen Grashalme knapp über der Wurzel ab und legen sie zum Trocknen in die Sonne. Daraus machen sie dann Heu, mit dem sie im Herbst ihre Baue isolieren. Wie manche anderen Tiere auch (zum Beispiel Fledermäuse und Igel) halten Murmeltiere Winterschlaf, der ein halbes Jahr oder noch länger anhalten kann. Um so lange ohne Nahrung überleben zu können, müssen sie sich im Sommer sehr fett fressen. Murmeltiere verfügen zudem über einen extremen Energiesparmodus: Während des Winterschlafs sinkt die Körpertemperatur von 39 auf bis zu 7 Grad Celsius. Die Atmung wird so verlangsamt, dass die Pausen zwischen zwei Atemzügen bis zu einer Stunde betragen können.

ALTER

Murmeltiere werden bis zu zwölf Jahre alt, in Gefangenschaft auch älter.

SEX & SOZIALES

Auf einem Territorium lebt ein Elternpaar mit mehreren Jahrgängen des eigenen Nachwuchses. Unter den Geschlechtern herrscht eine klare Rangordnung. Die Eltern beginnen direkt nach dem Winterschlaf im April mit der Paarung. 40 Tage später werden dann zwei bis sechs 30 Gramm schwere, blinde und nackte Junge geboren. Murmeltiere sind soziale Tiere. Sie warnen einander mit Pfiffen vor drohenden Gefahren und suchen oft Körperkontakt. Die Wintermonate verbringen sie schlafend und eng aneinandergedrängt in ihrem Bau.

KULINARISCHES

Murmeltiere ernähren sich am liebsten von frischen grünen Trieben und jungen Blüten. In einigen Regionen Österreichs, Italiens, Frankreichs und der Schweiz landen sie gelegentlich noch selbst auf dem Teller. Während das Fleisch kein kulinarischer Genuss ist, schwören manche auf die Heilkraft des Murmeltierfetts.

AUSSICHTEN

In Deutschland haben die Murmeltiere ganzjährig Schonzeit. Deshalb sind die Nager in Bayern oft wenig scheu und lassen sich gut beobachten. Auf der Internationalen Roten Liste wird Marmota marmota als nicht gefährdet eingestuft. Wegen des Klimawandels könnte es allerdings passieren, dass sie sich in Zukunft noch höher in die Berge zurückziehen müssen. Genaue Bestandszahlen gibt es nicht.

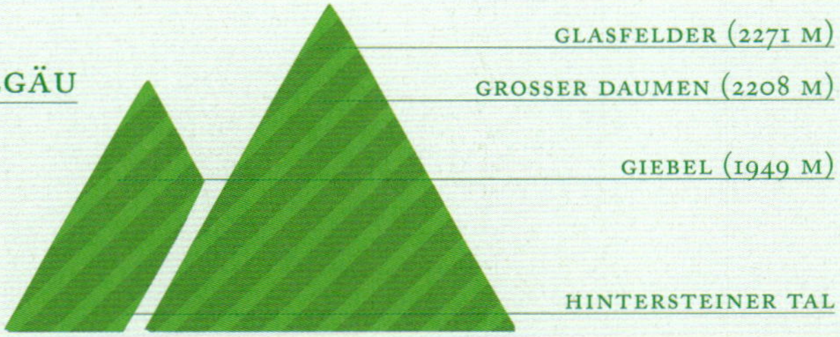

AUF SAFARI

DIE BESTE ZEIT

Murmeltiere kann man von Ende April bis Anfang Oktober beobachten. Im Hochsommer sollte man am besten morgens oder am späten Nachmittag zur Safari aufbrechen. Bei praller Sonne ziehen sich die Tiere (genau wie bei Regen oder Sturm) in ihre Baue zurück.

DAS BASISLAGER

Bester Ausgangspunkt für die Suche nach den Murmeltieren ist das Giebelhaus (Tel.: 08324/8146, www.giebelhaus.de). In der Saison kann man es bequem mit dem Bus (stündlicher Pendelverkehr) von Hinterstein und Hindelang erreichen. Mit der entsprechenden Kurkarte ist die halbstündige Fahrt kostenlos. Vom Giebelhaus starten verschiedene Bergtouren, die auch mit kleinen Kindern in der Karre oder Kraxe gut zu bewältigen sind.

VERSORGUNGSLAGE BESTENS

Allein in Hinterstein gibt es knapp 50 Pensionen, eine Handvoll Restaurants, eine Bäckerei und das Naturschwimmbad Prinze Gumpe. Der nächste Supermarkt liegt im fünf Kilometer entfernten Hindelang. In den Bergen bekommt man deftige Brotzeiten und selbst gemachten Kuchen. Vor der Wanderung sollte man sich unbedingt erkundigen, ob die Hütten gerade geöffnet sind oder nicht.

ANDERE TIERE

Steinadler: In den Murmeltierrevieren rund ums Giebelhaus ist auch der Steinadler zu Hause. Der Landesbund für Vogelschutz in Bayern (LBV) – das freistaatliche Pendant zum NABU – bietet in den Sommermonaten regelmäßige Führungen (»Im Reich des Steinadlers«) an, die am Giebelhaus beginnen. Mit dem Spektiv kann man einen bewohnten Adlerhorst direkt vom Giebelhaus aus beobachten.

Wasseramsel: Die Wasseramsel zählt zu den Singvögeln, hält sich selbst aber offenbar für eine Tauchente oder einen Wasservogel. Sie geht an schnell fließenden Gebirgsbächen (auch am Giebelhaus) auf Nahrungssuche, und das auf spektakuläre Weise: Sie stürzt sich kopfüber in die Fluten und taucht im kalten Wasser bis zu zwei Minuten lang nach Insekten.

Alpendohle: Die Alpendohle ist ein typischer Vogel des Hochgebirges, der ausschließlich oberhalb der Baumgrenze vorkommt, zum Beispiel an der Gipfelstation der Fellhornseilbahn. Dort kann man die Vögel aus nächster Nähe beobachten, weil sie sich gerne über die Essensreste der Touristen hermachen. Allerdings kostet der Seilbahntrip auf den Gipfel rund 30 Euro pro Person.

DIE LIEBLINGSORTE DER MURMELTIERE (OHNE GEWÄHR)

> An einem unbewohnten Haus, 100 Meter vom Giebelhaus entfernt.

> Auf dem Weg zur Bärgündele-Alp, rechte Seite, gleich nachdem man den asphaltierten Weg Richtung Alp verlassen hat. Die Kolonie liegt an einem Hang zwischen zwei Bächen.

> Hinter dem Giebelhaus in Richtung Laufbichl-Alp, nach etwa 20-minütigem Fußmarsch auf der rechten Seite. Man erkennt die Eingänge zum Bau an der aufgeworfenen Erde.

> Auf einem Hang oberhalb des schmalen Fußwegs, der vom Hauptweg zur Sennerei führt.

> Mit Sicherheit gibt es rund ums Giebelhaus noch mehr Murmeltiere zu entdecken. Also einfach hartnäckig bei den Betreibern der Alpen nachfragen.

ZUR VORBEREITUNG

www.hinterstein.de
www.allgaeuer-hochalpen.de: Der LBV Bayern bietet an Wochenenden am Giebelhaus regelmäßige Führungen zum Steinadler an. Kontakt über: LBV Schwaben, Tel.: 08331/901182, schwaben@lbv.de, E-Mail: www.oberallgaeu.de

HIN & HER

Mit dem Auto: Aus Richtung München: A 96 bis Buchloe – B 12 bis Kempten – B 19 bis Sonthofen – B 308 nach Bad Hindelang. Aus Richtung Norden: A 7 bis Kempten – B 19 bis Sonthofen – B 308 nach Bad Hindelang. Am Kreisverkehr am Ortseingang von Bad Hindelang führt die erste Ausfahrt in Richtung Hinterstein.

Mit der Bahn: Zielbahnhof Sonthofen angeben, von dort weiter mit dem Linienbus über Bad Hindelang nach Hinterstein.

EXOTEN IM SCHLOSSPARK

HALSBAND- UND ALEXANDERSITTICHE IN WIESBADEN

Es ist 17.30 Uhr, und es regnet. Immer noch. Der Boden ist knöchelhoch mit Schneematsch bedeckt. Ich stehe am großen Parkplatz des »Äppelallee-Centers« in einem Gewerbegebiet in Wiesbaden. Neben mir ein Straßenschild, das über und über mit Vogelkacke besprenkelt ist. Wie es aussieht, werde ich hier eine ganze Weile stehen und warten.

Detlev Franz hat mich vom Wiesbadener Schlosspark hierher geführt. Ich wollte es so. Franz ist der Experte für Papageien in der Region. Zwei Stunden lang hat er mir alles Wissenswerte über Halsband- und Alexandersittiche erzählt. Auch im strömenden Regen. Jetzt zählt er die Minuten, bis der Bus kommt und ihn in den wohlverdienten Feierabend fährt. Ich muss noch ein bisschen ausharren. Denn irgendwo hier auf dem schmalen Grünstreifen zwischen der vierspurigen Äppelallee, dem Parkplatz des gleichnamigen Einkaufscenters und der Stadtautobahn sollen alle Halsbandsittiche der Region in einem Schlafbaum übernachten. Es ist schon ziemlich dunkel, kann also so lange nicht mehr dauern – hoffe ich. »Wann ist denn ungefähr mit den Sittichen zu rechnen?«, frage ich, als Franz in den Bus einsteigt. Er guckt auf die Uhr. »In einer Stunde vielleicht.« Dann zuckt er entschuldigend mit den Schultern, und der Bus fährt los.

Eine Stunde kann sehr lang sein. Vor allem, wenn man wie Falschgeld an der Auffahrt eines Parkplatzes steht und auf ein Straßenschild voller Papageienkacke starrt. Ich trete von einem Fuß auf den anderen. Bei jedem Schritt platscht der Schneematsch unter den Sohlen meiner Wanderschuhe. Vielleicht ist es auch das Wasser in den vollgesogenen Schuhen und Socken, das bei jeder Bewegung leise schmatzt. Von Minute zu Minute drängt sich die Trostlosigkeit des Ortes stärker auf. Ein paar Autos kommen auf dem Weg vom Parkplatz in die Stadt an mir und meinem Straßenschild vorbei. Wahrscheinlich halten sie mich für ziemlich suspekt oder bescheuert. Mir geht's ja genauso.

Um mir die Zeit zu vertreiben, rekapituliere ich alles, was an diesem Tag nicht so gelaufen ist wie geplant: Mein Handy hat seinen Geist aufgegeben, aber geschenkt. Die aufgeregte Schulklasse hätte ich morgens um sechs auch nicht unbedingt in meinem Großraumabteil gebraucht. Dass mir im Hotel trotz zweimaligen Nachhakens nur ein kleines, stickiges Raucherzimmer zugewiesen wurde, war irgendwie auch blöd. Das einzig halbwegs Positive ist, dass das Wetter so schlecht ist, dass ich keine brauchbaren Fotos machen kann. Den Akku für meine Kamera habe ich nämlich zu Hause vergessen. Kurz und gut: Es war ein beschissener Tag. Wenn man eine Stunde im Regen neben einem vollgekackten Straßenschild steht, darf man das ruhig mal so sagen.

Mein Blick schweift über den Parkplatz. Ein paar hundert Meter von meinem Posten entfernt sehe ich tatsächlich noch Menschen rumlaufen. Das große Möbelhaus da hinten feiert offenbar Tag der offenen Tür und hat noch auf. Ich schlendere rüber. In einem großen Pappkarton neben dem Eingang liegen rote Babysocken mit dem Namen des Möbelhauses herum. Zum Mitnehmen. Ich stecke zwei Paar ein. Ich brauche keine Babysocken, aber irgendwie scheinen sie mir die passende Beute für diesen seltsamen Tag: Ich zog aus, schillernde Papageien zu finden, und alles, was ich von der Abenteuerfahrt mitbringe, sind zwei lausige Paar Söckchen mit Werbeaufdruck.

Ich gehe ins Kaufhaus, um mich aufzuwärmen. Und vielleicht kann ich irgendwo noch etwas zu essen und zu trinken auftreiben. Nach fünf Minuten bin ich wieder draußen. Immerhin habe

ich einen Cola-Automaten gefunden. Auf dem Weg zurück zum Straßenschild entdecke ich auf dem Parkplatz sogar einen geöffneten Imbisswagen. Ich bestelle eine Portion Pommes mit Mayo, stehe nun halbwegs vor dem Regen geschützt unter einem großen Sonnenschirm und schaue mich um. Irgendwas ist plötzlich anders. Der Regen hat nicht nachgelassen, und meine Klamotten sind noch genauso nass und klamm wie vorher. An den Unzulänglichkeiten des Tages hat sich nichts geändert, und die Sittiche lassen auch auf sich warten. Trotzdem fängt dieses Gefühl des Dreiviertelscheiterns auf einmal an zu leuchten. Wie ich da so stehe und fettige Kartoffelschnitze in mich reinstopfe, merke ich zu meiner eigenen Überraschung, dass ich eigentlich doch ganz zufrieden bin. Vor allem das Ausharren in Regen und Schnee wird plötzlich zu einer Prüfung, die es braucht, um den Tag zu einem richtigen Abenteuer zu machen.

Plötzlich gefällt mir der Kontrast zwischen den Familien im Möbelhaus, ihrer trockenen Kleidung, ihren bequemen Autos und meiner durchnässten Existenz. Wer sich von stundenlangen Regenschauern und nassen Füßen nicht unterkriegen lässt, der muss wohl ein ganz besonderes Ziel verfolgen.

Obwohl ich es dabei nur vom Schlosspark Biebrich bis zu diesem Parkplatz geschafft habe, fühle ich mich ein bisschen wie ein Trapper, der viele Tage im Wald unterwegs war und schließlich auf eine menschliche Siedlung stößt. Ich bin anders als all diese Sonntagsexistenzen, denke ich. Die Zeit da draußen in der Einsamkeit der Wälder hat mich verändert. Ein Zurück in die bürgerliche Welt kann es für mich nicht mehr geben. Ich fühle mich wie ein Entdecker, auf der Jagd nach Eldorado, dem letzten Einhorn, dem Missing Link. Ich bin ein »man on a mission«, nichts und niemand kann mich aufhalten. Ich bin ganz auf mein Ziel ausgerichtet. Wie ein Tiger, kurz vor dem Sprung, wie ein Bergst... – Ein leises Krächzen unterbricht meine wirre Gedankenflut.

Ich blicke nach oben. Am dunkler werdenden Himmel über dem Parkplatz fliegen zwei Sittiche. Sie landen nicht neben dem Straßenschild, sondern ein Stück weiter hinten, auf einem allein stehenden Baum direkt an der Autobahn. Von allen Seiten kommen immer mehr Sittiche angeflogen – paarweise oder in kleinen Trupps. Zum Teil vereinen sie sich in der Luft zu größeren Gruppen. Fast alle landen schließlich auf diesem einen Baum, an dem der Verkehr am lautesten vorbeirauscht. Dann, auf einmal, fliegen alle wieder auf. Ein großer Schwarm von mehreren hundert Halsbandsittichen dreht über dem Gewerbegebiet von Wiesbaden seine Runden. Minutenlang fliegen sie kreischend umher, eine wabernde Wolke, deren Form sich immer wieder verändert. Schließlich lassen sie sich auf einem anderen Baum nieder, der ein Stück entfernt hinter der Lieferantenzufahrt steht. Ein paar Nachzügler höre ich noch in anderen Bäumen krächzen, dann ist das Spektakel vorbei.

Mit großer Wahrscheinlichkeit war ich der Einzige, der an diesem Abend die Papageienwolke am Himmel von Wiesbaden gesehen hat. Und der Einzige, dem der Kontrast zwischen Gewerbegebiet mit Autobahnanschluss und den exotischen Papageien aufgefallen ist.

Warum bleiben die Sittiche nicht im viel schöneren Schlosspark, wo sie doch alles haben, was sie zum Leben brauchen? Detlev Franz hatte mir vorhin etwas vom Sicherheitsbedürfnis der Vögel erzählt: Durch das gemeinsame Übernachten auf einem Baum sinkt die Gefahr, dass die Sittiche durch eine Schlange, einen Affen oder einen anderen Räuber überrascht werden können. Nun gibt es die in Deutschland zwar nicht, trotzdem halten die Vögel instinktiv auch in ihrer neuen Heimat an dieser Vorkehrung fest. Der Wechsel vom Park zum Schlafbaum ist auch eine Hygienemaßnahme. Viele Papageien machen viel Dreck. Und in dem Dreck könnten sich Keime und Krankheiten entwickeln, deshalb ist es einfach die sauberste Lösung, wenn der Schlafbaum nicht direkt neben den Kinderstuben steht. Die liegen, ordentlich nach Familien getrennt, in den vielen Baumhöhlen im Schlosspark.

Ich bleibe noch ein bisschen auf dem Parkplatz und sehe zu, wie ein paar Nachzügler sich erst auf einem anderen Baum niederlassen, bevor sie sich zur großen Masse hinter der Lieferantenzufahrt begeben. Als es schon fast ganz dunkel ist, habe ich genug und trotte zur nahe gelegenen Bushaltestelle auf dem Parkplatz.

Ein Storch segelt in niedriger Höhe über mich und die Autobahn hinweg. In Schierstein gibt es eine größere Storchenkolonie. Die Vögel fliegen nicht mehr in den Süden, weil sie hier auch im Winter alles finden, was sie zum Leben brauchen. Ein Nilganspaar flaniert über den Grünstreifen zwischen Parkplatz und Autobahn. Genau wie den Sittichen scheint das Gewerbegebiet es ihnen angetan zu haben. Ein Storch im Winter, Hunderte Papageien und exotische Gänse. So langsam verwandelt sich der Parkplatz in eine Menagerie.

Nach etwa 15 Minuten ereignislosen Wartens schaue ich mir den Busfahrplan noch einmal an. Es wird kein Bus mehr kommen. Durch den Regen mache ich mich schließlich auf den Heimweg. Immer die Schnellstraße entlang. An einer Tankstelle halte ich an und belohne mich mit einem Bier. Nachdem ich im Hotelzimmer die Hose zum Trocknen über die Heizung gehängt und die komplette Fernsehzeitschrift in die nassen Schuhe gestopft habe, proste ich mir im Badezimmerspiegel zu.

Der nächste Morgen gibt sich weniger sperrig. Meine Klamotten sind wieder trocken, der Schneematsch ist weggetaut. Tatsächlich scheint sogar die Sonne und verbreitet zaghafte Vorfrühlingswärme. Auf jeden Fall kann man wieder nach oben gucken, ohne dass einem ständig irgendwas in die Augen tropft. Gut gelaunt mache ich mich auf in Richtung Schlosspark. Auch wenn es im Hotel für mich nur ein Raucherzimmer gab – die Lage ist supergünstig. Es sind nur ein paar Schritte zur Rheinpromenade und zum Schloss, das malerisch zwischen Fluss und Park liegt. Biebrich war bis 1926 eine selbständige Stadt mit langer Geschichte. Vor allem in den Nebenstraßen des Parks hat sich ein fast dörflicher Charakter erhalten.

Offenbar gefällt auch den Vögeln das Wetter nun besser. Drei Paare Alexandersittiche krakeelen gut sichtbar und weithin hörbar auf einer alten Platane außerhalb des Parks. Es gibt Streit um die besten Brutplätze. Die Papageien sind Höhlenbrüter. Und in Platanen finden sie jede Menge natürliche oder von Spechten hineingehämmerte

Höhlen vor. Es gibt deutlich mehr potenzielle Bruthöhlen als Papageienpaare. Trotzdem kommt es regelmäßig zu Streitereien. Die Papageiendamen sind immer auf der Suche nach der schönsten Baumhöhle. Da ist Ärger mit den Nachbarinnen vorprogrammiert. An der Platane vor dem Park inspiziert ein Vogel eine Höhle, die in etwa fünf Meter Höhe liegt. Erst staken die langen grünen Schwanzfedern aus dem Baumloch raus, dann sieht man den Papageienkopf mit dem kräftigen roten Schnabel. Das Männchen sitzt auf einem Ast in unmittelbarer Nähe des Höhleneingangs. Ein paar Äste weiter sitzt das zweite Paar. Ein drittes schaut sich eine weitere Höhle im gleichen Baum an. Hin und wieder kreischen die Vögel laut und schrill, was aber nicht unbedingt mit der ungeklärten Wohnsituation zu tun haben muss. Selbst wenn die Sittiche sich ganz entspannt unterhalten, kreischen sie. Sie können nicht anders.

Ich schlendere durch den Park zur Schlossterrasse. Detlev Franz erwartet mich bereits. Wegen des Wetterfiaskos vom Vortag hat er sich bereit erklärt, noch einmal mit mir durch den Schlosspark zu wandern. Franz gehört zu einer Handvoll Experten, die sich in Deutschland mit Halsband- und Alexandersittichen beschäftigen. Über die Vögel in Wiesbaden und Umgebung weiß niemand besser Bescheid als er. »Die ersten Halsbandsittiche in Wiesbaden wurden 1974/75 beobachtet«, erzählt er auf dem Rundgang. Die Gründung der Wiesbadener Kolonie erfolgte damit ein paar Jahre später als die der zwei anderen großen und ebenfalls sehenswerten Kolonien in Köln und Heidelberg. Die Herkunft der ersten Wiesbadener Tiere ist ungewiss. Entweder sind sie aus den bereits bestehenden Kolonien zugewandert, oder es handelt sich um Gefangenschaftsflüchtlinge aus der Region. Mittlerweile bevölkern 1200 bis 2000 Halsbandsittiche Wiesbaden und Umgebung. 1986 sind die ersten Alexandersittiche hinzugekommen. Ihr Bestand liegt bei einigen hundert Exemplaren.

Der Park ist das Gebiet, in dem sich die Sittiche tagsüber am häufigsten aufhalten. Man sieht sie an und in ihren Bruthöhlen, bei der Nahrungsaufnahme oder wie sie einander in kleinen Gruppen kreischend durch den Park jagen. »Die Vögel fühlen sich hier wohl, weil die halboffene Parklandschaft ihren natürlichen Lebensräumen entspricht«, sagt Franz. Der Schlosspark hat alles zu bieten, was das Sittichherz begehrt: genügend Bruthöhlen, ausreichend Platz für Artgenossen (trotz aller Streitereien sind es sehr gesellige Vögel) und ein breit gefächertes Nahrungsangebot. Parks sind reich an exotischen Baumarten, die wegen ihrer unterschiedlichen Blüh- und Fruchtzeiten über einen langen Zeitraum Nahrung bereitstellen. »Für die Sittiche sind bei uns rund 100 Pflanzen nachgewiesen, von denen sie Samen, Früchte, Blüten, Blätter oder Knospen essen«, sagt Franz. Zum Leidwesen mancher Kleingärtner gehören auch Birnen und Äpfel, Walnüsse oder Haselnüsse dazu. Je energiereicher, desto besser. Deshalb stehen auch Kirschkerne bei den Sittichen höher im Kurs als die Kirschen selbst.

Franz beobachtet die Vögel seit 1996. Damals hatte er sich gerade eine neue Ausrüstung zugelegt, um Wasservögel zu fotografieren. »Als ich mit meiner Kamera am Rheinufer entlangging, kam ich mit einer Frau ins Gespräch, die mich fragte, ob ich schon mal was von den Papageien im

Schlosspark gehört hatte«, sagt er. Seither spielen die Wasservögel für ihn höchstens noch die zweite oder dritte Geige. Dafür kennt er jede Bruthöhle im Park. Die höchste liegt an einem dicken Platanenast, bestimmt 15 Meter über dem Boden. Die niedrigste etwa hüfthoch im Stamm direkt an einem der Hauptwege und eine weitere in bester Sichtweite gegenüber einer Parkbank.

Wir halten unter einer Platane, auf der zwei Alexandersittiche mit ein paar Zentimetern Abstand nebeneinandersitzen. Sehr langsam schiebt sich der eine Vogel näher heran. »Bei zu schnellen Annäherungsversuchen können die Weibchen recht rabiat reagieren und mit ihren scharfen Schnäbeln nach den Füßen der Männchen hacken«, erklärt Franz den vorsichtigen Flirtversuch. Es wurden im Park schon einige Sittiche gesichtet, denen Zehen fehlten. Ist die Annäherung erst einmal geglückt, geht das weitere Vorspiel friedlich vonstatten: Die Partner kraulen einander zärtlich mit dem Schnabel am Hinterkopf oder füttern sich gegenseitig.

Die Paarung selbst ist dann wieder weniger romantisch – und bereits nach weniger als einer Minute vorbei. Das Männchen steigt mit beiden Füßen auf den Rücken des Weibchens. Dann beginnt er in regelmäßigen Abständen mit dem Schnabel leicht auf den Nacken seiner Partnerin einzuhämmern. Während des Hämmerns biegt er seinen Schwanz nach unten um das Hinterende der Partnerin, bis beide Kloaken aufeinanderliegen. Die Küken schlüpfen nach 28 Tagen. Für das Brutgeschäft sind allein die Weibchen verantwortlich. Sie werden vom Partner gefüttert und bleiben auch nachts in den Höhlen, während die anderen Sittiche den gemeinsamen Schlafbaum aufsuchen. Wenn die Jungen dann ein bisschen größer sind, werden sie von beiden Elternteilen mit vorgekauter Nahrung versorgt.

Wir gehen weiter. Detlev Franz deutet auf einen dichten Knospenteppich, der unter einem Baum liegt. In einzelnen Bäumen kann ein größerer Trupp Papageien einigen Schaden anrichten. Auch deshalb wird die Entwicklung der Bestände im Park und überhaupt in Deutschland von vielen argwöhnisch verfolgt. Die Tiere stehen auch im Verdacht, anderen Höhlenbrütern wie Dohlen, Meisen oder Staren die Wohnung wegzunehmen. Franz fühlt sich bemüßigt, seine Schützlinge gegen derlei Unterstellungen zu verteidigen: »Ich habe schon mehrfach gesehen, dass Meisen eine Wohnhöhle erfolgreich gegen die viel größeren Sittiche verteidigt haben.« Bislang, so Franz, sei kein negativer Einfluss der Papageien auf alteingesessene Arten nachgewiesen. Die Einschätzung – schädlich/nicht schädlich – ist wichtig für den weiteren Umgang mit den Sittichen.

Beim Rundgang durch den Park beobachten wir, wie Papageien sich elegant frische Knospen mit dem Fuß greifen und zum Schnabel führen. Wie sie kopfunter an einem Ast hängen, geschäftig den Eingang einer Höhle vergrößern oder Wasser aus einer Astgabel trinken. Eine Spaziergängerin sieht, wie wir fasziniert in die Luft gucken, und kommt auf uns zu: »Prächtige Tiere«, sagt sie komplizenhaft. In Zeiten, in denen die Neubürger nicht überall wohlgelitten sind, müssen Papageienfreunde zusammenhalten. Die Frau wohnt in der Nähe des Parks und gehört zu der Fraktion, die die Vögel im Garten und auf ihren Balkonen regelmäßig füttert.

»Prächtige Tiere«, kann ich nur zustimmen. Den

zweiten Spaziergang durch den Park hätte es für mich gar nicht mehr gebraucht. Seit meinem Abend auf dem Parkplatz lasse ich ohnehin nichts mehr auf die Sittiche kommen.

TIERISCHE NEUBÜRGER

Beinahe in jedem Dorf wird intensiv darüber diskutiert, nach wie vielen Jahren oder Generationen eine Familie denn nun als einheimisch gilt und nicht mehr als zugezogen. Für die Tier- und Pflanzenwelt ist das bundesweit eindeutig und ziemlich strikt geregelt. Wer vor dem Kolumbus-Jahr 1492 ankam, gilt als eingebürgert. Wer dieses Datum auch nur ganz knapp verpasste, wird als Neophyt oder Neozoon eingestuft – als Neubürger, die hier eigentlich nichts verloren haben. Zumindest der Fasan ist fein raus, der wurde schon lange vor Kolumbus zu Jagdzwecken eingebürgert. Aber selbst seit vielen Jahrhunderten etablierte Arten wie Kaninchen oder Damhirsch werden nach der Definition zu Fremden. Sie finden sich damit unter anderem in der zweifelhaften Gesellschaft von Waschbären, Bisamratten, Ochsenfröschen, Nilgänsen und Wollhandkrabben wieder. Diese Neozoon werden kritisch beäugt, weil sie das ursprüngliche Ökosystem durcheinanderbringen können. Ein Beispiel: Kaum hatte der Mensch als Neozoon die Insel Mauritius entdeckt, war der Dodo auch schon ausgerottet. Die meisten absichtlich oder unabsichtlich eingeführten Arten gelten als unbedenklich. Etwa zehn Prozent werden aber als potenziell gefährlich für die ursprünglichen Ökosysteme eingestuft: Der gesunde Appetit des Waschbären etwa wird dafür verantwortlich gemacht, dass Vogelarten, die am Boden brüten, weniger Nachwuchs haben. Wollhandkrabben fressen den heimischen Flusskrebsen die Nahrung weg, und in Großbritannien hat das durchaus possierliche graue amerikanische Eichhörnchen, weil es ein kleines bisschen größer und stärker ist, seinen rothaarigen europäischen Cousin fast vollständig verdrängt.

Die Sittiche in Wiesbaden stehen zumindest im Verdacht, der alteingesessenen Tierwelt zu schaden. Weil sie für sich Baumhöhlen beanspruchen, könnten sie Dohlen, Spechten, Meisen und anderen Höhlenbrütern die Wohnungen wegnehmen. Bewiesen ist das nicht, aber der Verdacht wiegt schwer, und vorerst stehen die Sittiche unter strenger Beobachtung. Sollten die Behörden zu dem Schluss kommen, dass etwas dran ist, könnten sie versuchen, eine weitere Ausbreitung der Sittiche aktiv zu verhindern. Beruhigen könnte die grünen Exoten dann höchstens, dass das bislang noch bei keinem der durchsetzungsstarken Neubürger gelungen ist. Wollhandkrabbe, Waschbär und Co. geht es weiterhin prächtig bei uns.

WISSENSWERTES

WER

Halsbandsittich (Psittacula krameri) und Alexandersittich (Psittacula eupatria) sind beide quietschgrün, sehen aus wie richtige Papageien und sind schon deshalb mit keinem anderen heimischen Vogel zu verwechseln. Jedes Mal, wenn man sie sieht, ist das wie eine kleine Reise in die Ferne. Man schlendert durch Wiesbaden und denkt an Timbuktu oder Bombay. Der Halsbandsittich ist ohne Schwanz etwa amselgroß, der Alexandersittich bringt es eher auf Taubengröße; bei beiden ist der Schwanz auffallend lang. Neben der Größe taugen der rote Unterschnabel und besonders die roten Schulterflecken des Alexandersittichs als Unterscheidungsmerkmale.

WO

Halsbandsittiche leben im nördlichen Afrika, von Senegal bis Somalia, und kommen in Indien, Pakistan, Bangladesch, Myanmar und Sri Lanka vor. Die deutschen Halsbandsittiche sind Hybriden der asiatischen Unterarten. Das natürliche Verbreitungsgebiet des Alexandersittichs reicht von Afghanistan und Pakistan über Indien, Sri Lanka, Birma und Thailand bis Laos, Kambodscha und Vietnam. Beide Arten wurden schon zu Zeiten Alexanders des Großen als Haustiere gehalten. Seit Mitte des 20. Jahrhunderts sind aus Gefangenschaftsflüchtlingen in vielen Großstädten Europas und Nordamerikas neue überlebensfähige Populationen entstanden. In Deutschland kommen die beiden Papageienarten vor allem im Rheintal vor, unter anderem in Wiesbaden, wo man sie besonders gut sehen kann.

BESONDERES

Papageien sind mit einer Ausnahme die einzigen Vögel, die ihre Nahrung ganz manierlich mit dem Fuß zum Schnabel führen und daran herumknabbern. Alle anderen Arten verzichten auf derartiges Esswerkzeug oder klemmen die Nahrung beim Essen einfach zwischen ihre Füße. Wie bei den Menschen gibt es auch bei den Sittichen ausgeprägte Links- und Rechtshänder beziehungsweise -füßer.

ALTER

Halsband- und Alexandersittiche können bis zu 35 Jahre und älter werden. Die durchschnittliche Lebenserwartung in freier Wildbahn liegt aber weit darunter.

SEX & SOZIALES

Beide Arten sind sozial und gesellig, wie alle anderen Tiere in diesem Buch. Das hängt damit zusammen, dass man gesellige Tiere einfach besser beobachten kann als scheue Einzelgänger. Die Rohrdommel ist auch ein fantastischer Vogel, aber so eigenbrötlerisch und griesgrämig, dass sie selbst Artgenossen nur dann in ihrer Nähe akzeptiert, wenn es sich partout nicht vermeiden lässt – zum Beispiel für die Fortpflanzung. Die Sittiche einer Region übernachten gemeinsam auf einem frei stehenden Schlafbaum. Die Brutsaison reicht von Anfang Februar bis Mitte April. Die Paare bleiben oft ein Leben lang zusammen. Zu Beginn der Brutsaison präsentiert das Männchen dem Weibchen mehrere Bruthöhlen zur Auswahl. Zur Paarungszeit nähert sich das Männchen vorsichtig dem Weibchen, krault ihm mit dem Schnabel das Kopfgefieder oder bietet ihm als Liebesgabe etwas zu essen an. Dabei hält es einen gewissen Sicherheitsabstand ein. Denn ist das Weibchen noch nicht willig, kann es sehr kräftig mit dem Schnabel zuhacken. Die Jungen schlüpfen nach drei bis vier Wochen und werden anschließend von beiden Eltern gefüttert.

KULINARISCHES

Die Sittiche sind fast reine Vegetarier, die sich von Früchten, Knospen, Blüten und Kernen aller Art ernähren. Zum Teil machen sie sich über Kirschbäume in Kleingärten her, weshalb sie dort nur mäßig beliebt sind. Auch die Tatsache, dass sie es vor allem auf die Kirschkerne und nicht auf das Fruchtfleisch abgesehen haben, lindert den Zorn betroffener Kleingärtner vermutlich nicht.

AUSSICHTEN

In Deutschland leben mehr als 7500 Halsbandsittiche und mehrere hundert Alexandersittiche. In den vergangenen Jahren haben die Bestände zugenommen, beide Arten breiten sich weiter aus. In ihrem ursprünglichen Verbreitungsgebiet gehen die Bestände dagegen zum Teil erheblich zurück. Gründe dafür sind unter anderem Wilderei und der Verlust von geeignetem Lebensraum. Auf der Roten Liste werden beide Arten als nicht gefährdet geführt.

AUF SAFARI

DIE BESTE ZEIT

Die Sittiche halten sich das ganze Jahr über im Schlosspark Biebrich und den angrenzenden Straßen auf. Wegen ihres grünen Gefieders sind sie allerdings nur schwer zu beobachten, wenn noch Laub an den Bäumen ist. Gute Beobachtungsmöglichkeiten gibt es also von Ende Oktober bis Mitte Mai. Die beste Zeit sind Februar und März. Da werben die Männchen um die Weibchen, und die Paare suchen sich geeignete Bruthöhlen, die sie dann mit viel Geschrei gegen andere Paare verteidigen müssen. Kopuliert wird auch. Es ist also richtig was los.

DAS BASISLAGER

Direkt im Schloss ist ein Restaurant untergebracht (Rheingaustraße 140, 65203 Wiesbaden, Tel.: 0611/7244481), in dem man sich je nach Wetterlage drinnen aufwärmen oder auf der Terrasse sonnen kann. Führungen und weitere Informationen vor Ort zu den Sittichen gibt es nicht. Wer will, kann sich vorab mit Detlev Franz in Verbindung setzen (detlev@papageien.org). Er beantwortet bereitwillig Fragen rund um die Sittiche – auch auf seiner Internetseite www.papageien.org/df/.

Wer den Einflug der Sittiche zu ihrem Schlafbaum erleben möchte, sucht bei Einbruch der Dunkelheit den riesigen Parkplatz des »Äppelallee-Centers« auf (15 bis 20 Minuten Fußweg vom Schlosspark). Die Vögel nutzen unterschiedliche Bäume auf dem schmalen Grünstreifen zwischen Parkplatz und Schnellstraße. Wenn man den Himmel absucht, sieht man kleinere und größere Gruppen einfliegen. Geht man den Grünstreifen entlang, findet man den gerade aktuellen Schlafbaum recht schnell.

VERSORGUNGSLAGE BESTENS

Wiesbaden ist Landeshauptstadt und deshalb in puncto Hotels und Einkaufsmöglichkeiten sehr gut bestückt.

ANDERE TIERE

Nilgans: Im Schlosspark sind einige Nilganspaare (Alopochen aegyptiacus) unterwegs. Die Vögel haben ein überwiegend braunes Gefieder und einen auffälligen rotbraunen Augenring. Eigentlich sind sie in Afrika heimisch. Seit den 70er Jahren breitet sich die Art aber auch in Deutschland entlang des Rheins aus, was wahrscheinlich auf eine Gruppe Gefangenschaftsflüchtlinge aus den Niederlanden zurückgeht. Man sieht die Nilgänse oft auch ziemlich weit vom Wasser weg und auf Bäumen sitzen.

Kanadagans: Auch die Kanadagans (Branta canadensis) gehört – wie der Name schon sagt – eigentlich nicht nach Deutschland. An der Uferpromenade kann man sie trotzdem regelmäßig beobachten. Es ist eine sehr große Gans mit langem schwarzen Hals, schwarzem Kopf, weißem Kinn und weißen Backen.

Zwergtaucher: Auf dem großen Teich im Schlosspark kann man neben Blässhühnern, Enten und Schwänen auch den Zwergtaucher (Tachybaptus ruficollis) beobachten. Er ist etwa so groß wie eine Amsel und wird daher leicht übersehen. Aus der Ferne erinnert der Zwergtaucher stark an ein Küken, allerdings an eines, das ausgezeichnet tauchen kann.

ZUR VORBEREITUNG

www.papageien.org/df/
www.wiesbaden.de

HIN & HER

Wiesbaden ist sehr bequem mit dem Zug zu erreichen. Vom Bahnhof aus fahren die Buslinien 4 oder 14 Richtung Biebrich beziehungsweise Schierstein bis zur Haltestelle »Biebrich Rheinufer« oder »Schloss Biebrich«. Beide Haltestellen liegen nur ein paar Schritte vom Park entfernt.

ZWILLBROCK
S. 210–227
14

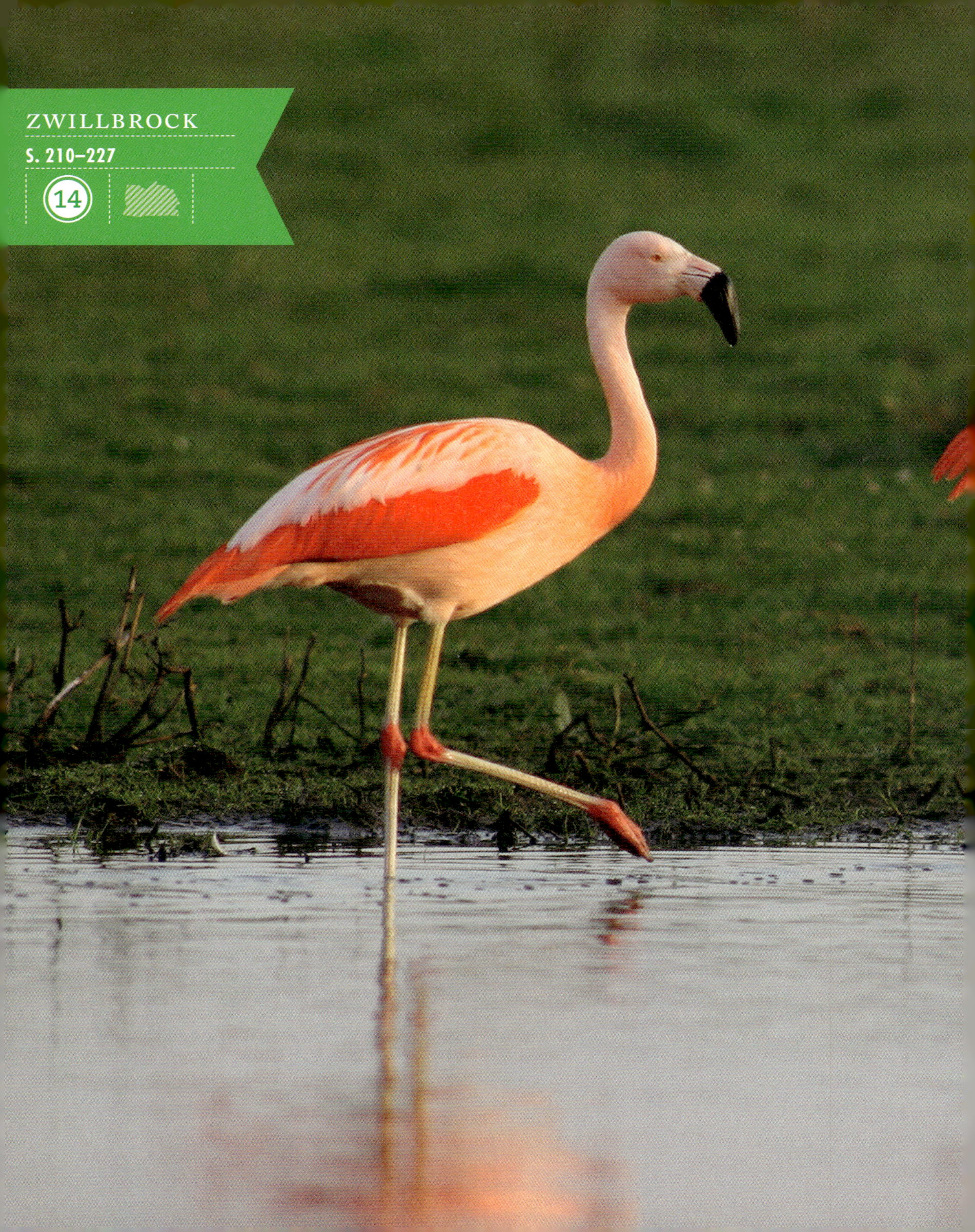

EINE ROSA KOLONIE AM MÖWENSEE

FLAMINGOS IM ZWILLBROCKER VENN

Wenn Flamingos sprechen könnten, würden sie die Geschichte vielleicht so erzählen: Es war einmal vor langer, langer Zeit ein besonders mutiger und unternehmungslustiger Flamingo. Der lebte hoch im Norden, in einem Land, wo die Winter so kalt und weiß sind, dass es für uns eigentlich unmöglich ist, dort zu überleben.

Mit anderen Flamingos zusammen wurde er in einem großen Käfig von Menschen versorgt. Er hatte alles, was er zum Leben brauchte. Nur fliegen konnte er nicht, weil der Käfig nicht groß genug war. Eines Tages vergaß der Mensch, die Käfigtür richtig zuzumachen. Der Flamingo konnte sein Glück kaum fassen, nutzte seine Chance und lief ins Freie. Er schlug ein paarmal mit den Flügeln, um zu sehen, ob sie ihn auch wirklich tragen würden. Dann schwang er sich in die Luft. Er hatte keinen besonderen Plan und auch kein Ziel. Er wusste nur, dass er noch eine Weile fliegen wollte. Kleiner und kleiner wurden unter ihm die Häuser, und bald hatte er den Ort, an dem er mit den anderen Flamingos gelebt hatte, aus den Augen verloren. Er flog über Dörfer und über Städte, die so groß waren, dass sie keinen Anfang und kein Ende zu haben schienen. Er flog über Wälder, Flüsse, Straßen und Eisenbahngleise. Er sah mehr von der Welt, als ihm lieb war. Er wurde vor röhrenden Motorbooten verfolgt, und mehr als einmal wäre er fast von einem großen Hund zerrissen worden, als er für ein paar Minuten auf einer Wiese rasten wollte.

Der Norden ist kein gutes Land für Flamingos. Es gibt dort zu viele Bäume, zu viele Menschen und zu viele Hunde. Von allem zu viel, nur von geeigneten Seen zu wenig. Er hatte schrecklichen Hunger und schreckliche Angst. Am liebsten wäre er zu dem großen Käfig zurückgeflogen, aber er hatte schon lange die Orientierung verloren. Da hörte er in der Ferne ein Geräusch, das wie das Kreischen von Möwen klang. Er flog in die Richtung und fand schließlich einen kleinen See mit einer Insel in der Mitte, die voller Möwen war. Erschöpft landete er zwischen den Vögeln.

Er sah sich in Ruhe um und begriff langsam, was für ein unglaublicher Glückspilz er war. Er hatte wahrscheinlich den einzigen Ort im Norden gefunden, an dem Flamingos überleben können. Im See fand er genügend Nahrung, und bis auf das Gekreische der Möwen war er auf der Insel ungestört. Als der Herbst kam und mit ihm die Kälte, flog er wieder davon, auf der Suche nach wärmeren Gefilden. Die Lage des Sees prägte er sich aber ganz genau ein. Wann immer er auf seiner Reise bei Flamingos vorbeikam, die wie er früher in großen Käfigen lebten, erzählte er ihnen von dem geheimnisvollen See und der Insel. Seither ist es so, dass in langen Nächten hier und da Flamingos beieinanderstehen und sich hinter vorgehaltenem Flügel von diesem seltsamen Ort mitten im Norden erzählen.

Als der Flamingo im kommenden Frühjahr an den See zurückkehrte, blieb er nicht lange allein. Inspiriert von seiner Geschichte, hatten auch andere Flamingos die Flucht gewagt und sich auf die Suche nach der Möweninsel gemacht. Einige haben sie tatsächlich gefunden. So kommt es, dass es bis heute hoch im Norden eine kleine Kolonie gibt, in der Flamingos Nahrung, Schutz und andere Flamingos finden. Der Entdecker der Insel ist vermutlich längst tot. Aber genau wie seine abenteuerliche Geschichte leben auch seine Kinder und Kindeskinder bis heute weiter.

Tatsächlich verlieren sich die Anfänge der Zwillbrocker Kolonie im Ungewissen. Anfang der 70er Jahre wurde das erste Mal ein Flamingo am Lachmöwensee direkt an der deutsch-niederländischen Grenze gesichtet, Anfang der 80er Jahre dann erneut. 1982 verbrachten schon sechs Chileflamingos die Sommermonate rund um das

Zwillbrocker Venn; ein Jahr später waren es zwölf.

Wie der Name schon sagt, stammen Chileflamingos aus Südamerika. Weil es ausgeschlossen ist, dass sich die Vögel bei einem Flug in Chile so schrecklich vernavigiert haben, dass sie schließlich in Zwillbrock landeten, muss es sich bei den Koloniebegründern um Gefangenschaftsflüchtlinge handeln. In Zoos werden den Vögeln die Flügel gestutzt, deshalb sind die ersten Zwillbrocker Flamingos wohl einem privaten Halter ausgebüxt.

Ein paar Jahre später gesellte sich eine Gruppe Rosaflamingos dazu. Seit 1994 komplettiert ein einzelner Karibischer Flamingo die Zwillbrocker Population. Regelmäßig gelingt es den Vögeln, Nachwuchs großzuziehen. In guten Jahren werden acht bis zehn Junge flügge, in mittelprächtigen vielleicht drei und in ganz schlechten Jahren gar keines. Die nordischen Flamingos sind berühmt, sehr sogar. Vermutlich wird über keine andere Flamingogruppe auf der Welt so viel berichtet. Die Region rund um Vreden macht sich die Popularität der Vögel zunutze und wirbt eigens mit einer Flamingo-Fahrradroute.

Vor unserer Anreise haben wir schon viel gesehen und gelesen. So hundertprozentig überzeugt sind wir von der Existenz der Flamingos trotzdem nicht. Noch bevor wir nach langer Fahrt unser Hotel beziehen, die Schönheit der Zwillbrocker Barockkirche oder die riesigen Ausmaße des Biergartens bewundern, müssen wir also runter zum Möwensee, um die Flamingos mit eigenen Augen zu sehen. Das Holzschild, das von der Hauptstraße den Weg zum Venn weist, ist leicht zu übersehen, der Parkplatz, den wir über einen schmalen Weg erreichen, ziemlich klein. Als wir aussteigen, ist vom See noch nichts zu sehen. Dafür hört man das Kreischen der Möwen. Es ist schon ziemlich laut und schrill und will nicht so recht zu der waldigen Umgebung passen.

Vom Parkplatz aus kann man in kurzer Zeit zwei Aussichtstürme erreichen. Wir entscheiden uns für den linken Pfad und sind nach wenigen hundert Metern am See, an dessen Ufer ein großer Holzturm steht. Auf einer saftigen Wiese stehen Graugans-Eltern mit ihren Gösseln. Aber ich will die Flamingos sehen und die Möwen, deren Schreie jetzt fast unwirklich laut sind.

Vom Turm aus überblickt man den kleinen See und – ein paar hundert Meter entfernt – eine lang gestreckte Insel, die hinter einem wabernden grauweißen Vorhang zu liegen scheint. Das sind die Leiber der Lachmöwen, die auf der Insel brüten, schreien und ansonsten unablässig um sie herumzuflattern scheinen. Die Möwen für sich sind schon ein Spektakel. So viele auf einem Haufen sieht man selten. 2000 bis 3000 Brutpaare sollen es sein. Aber die Lachmöwen haben das Pech, dass sich die Flamingos ausgerechnet hier niedergelassen haben und ihnen die Schau stehlen: Zwischen dem Weiß und Grau leuchten rosa Farbtupfer auf. Unverkennbar. Unverwechselbar. Flamingos. Wow. Es gibt sie also tatsächlich. Wenn auch ziemlich weit weg.

Auf dem Turm steht ein großes Fernglas. Das Durchgucken ist nicht ganz billig, aber es lohnt sich. Aus den diffusen rosa Farbtupfern werden mit seiner Hilfe plötzlich große, majestätische Vögel. Ich kann sehen, wie sie auf ihren Schlammhügel-Nestern hocken und die langen Hälse mit den aristokratisch gebogenen Schnäbeln ausfah-

ren, um Kontakt mit einer vorwitzigen Möwe aufzunehmen, die gerade über ihnen flattert. Dann muss ich schnell Geld nachwerfen. Ich kann grünliche Beine mit leuchtend roten Gelenken von durchgehend rosa Beinen eindeutig unterscheiden. Die grünen Beine gehören zu den Chileflamingos, die roten zu den ansonsten fast identisch aussehenden Rosaflamingos.

Ich sehe das alles, verstehe auch, dass diese Insel mit den vielen Möwen und den paar Flamingos etwas ganz Besonderes ist – und doch will sich über diese erste Begeisterung kein weiterer Zauber legen. Die Vögel trifft keine Schuld, eher die Umstände an diesem Tag. Die lange Anreise steckt uns in den Knochen. Eine Gruppe Radfahrer stört die Konzentration. Vor allem aber haben Elisabeth und Felix noch keinen richtigen Blick auf den See werfen können. Am Seeufer schwirren viele Mücken und Fliegen, Schnaken und Falter herum. Weil einige von ihnen direkt um seine Nase herumtanzen, ist Felix in eine Abwehrschlacht verwickelt, die seine ganze Aufmerksamkeit erfordert und keinen Raum mehr für die Möwen und bunten Flamingos auf dem See lässt. Er kämpft auf verlorenem Posten.

Während Elisabeth weitgehend erfolglos versucht, Felix irgendwie abzulenken, warte ich ebenso erfolglos darauf, dass sich dieses Gefühl der Verzauberung einstellt. Eine Mission, die unter diesen Umständen scheitern muss. Nach knapp 20 Minuten blasen wir zum Rückzug und fahren zur Ausstellung der Biologischen Station in Zwillbrock. Dort kann man sich garantiert mückenfrei in Bild und Ton und Schrift über die Flamingos und das Naturschutzgebiet informieren. Im kleinen Laden kann man Plüschflamingos, Flamingo-Postkarten und Flamingo-Tassen kaufen. Auf zwei Monitoren sieht man Livebilder von der Möweninsel. Nach einem kurzen Rundgang ziehen sich Elisabeth und Felix in die Malecke zurück. Auf den meisten Bildern sind – natürlich – Flamingos zu sehen.

Ich nutze die kurze Zeichenpause für ein Gespräch mit Dietmar Ikemeyer, dem Leiter der Biologischen Station. »Naturschutzfachlich sind die Flamingos gar nicht so interessant, aber vom Marketingeffekt sind sie natürlich unschlagbar für die Region«, sagt der Biologe. In den Frühlings- und Sommermonaten kommen am Wochenende mehrere tausend Besucher, nur um einen kurzen Blick auf die Flamingos zu werfen und anschließend in einer der gemütlichen Gaststätten oder einem der Biergärten einzukehren. Manche von ihnen lassen sich über die Flamingos vielleicht auch für andere Arten und das Naturschutzgebiet als Ganzes begeistern. Und durch den Verkauf von Flamingo-Tassen, -T-Shirts oder -Postkarten kommt Geld in die Kasse, mit dem auch andere Naturschutzmaßnahmen bezahlt werden können. »Wir tun jedenfalls alles dafür, damit die Flamingos hier auch in Zukunft überleben können«, sagt Ikemeyer.

Seit vielen Jahren ist ein Wettstreit zwischen Naturschützern und Füchsen im Gange, bei dem mal die eine, mal die andere Seite die Nase vorn hat. Meistens liegen die Füchse in Front. Immerhin hat Team Naturschutz mittlerweile einiges über die Schwimmgewohnheiten von Füchsen herausgefunden: Mitte der 1990er Jahre sank der Wasserspiegel im Venn wegen ausbleibender Niederschläge so stark, dass man fast trockenen Fußes von der einen Seite des Ufers auf die

Möweninsel gelangen konnte. Füchse verstanden die plötzlich auftauchende Landbrücke als Einladung, spazierten gemütlich zur großen Vogelkolonie hinüber, labten sich an den Jungmöwen und verschonten dabei auch den seltenen Flamingo-Nachwuchs nicht. Über mehrere Jahre hinweg hatten die Flamingos deshalb gar keinen Bruterfolg. Die Naturschützer reagierten schließlich, indem sie die Landbrücke an einigen Stellen wieder zerstörten. Nur um dann festzustellen, dass es den Füchsen überhaupt nichts ausmacht, eine Strecke von mehreren hundert Metern zu schwimmen. »In manchen Nächten schwamm ein Fuchs drei Mal zur Insel, holte sich ein Küken und schwamm wieder zurück«, so Ikemeyer.

Als Nächstes bauten die Naturschützer einen Zaun quer zur bevorzugten Schwimmrichtung durchs Wasser, nur um dann feststellen zu müssen, dass sich die Füchse sogar mit Beute durch unglaublich kleine Maschen im Zaun zwängen können. Selbst als Teile des Zauns unter Strom gesetzt wurden, schafften es einige Füchse immer noch auf die Möweninsel. Einmal dort angelangt, haben sie leichtes Spiel, an die Jungvögel oder Eier der Flamingos heranzukommen. Die Eltern zeigen nämlich keinerlei Abwehrverhalten gegenüber den dreisten Räubern. Trotzdem fühlen sie sich aber zum Teil so sehr gestört, dass sie ihre Brutversuche einstellen. »Zum Glück sind die Flamingos aber so hartnäckig, dass sie es kurze Zeit später noch einmal mit dem Brüten versuchen, und wenn es sein muss, noch mal«, sagt Ikemeyer. So kommt es, dass auch in Jahren mit massiven Störungen manchmal doch noch Jungflamingos flügge werden. Mit ein bis drei Tieren liegt das Brutergebnis dann aber weit unter den Babyboomer-Jahren, in denen acht bis zehn kleine Flamingos bis zum Herbst überleben. Seit der Zaun vollständig unter Strom gesetzt wird, hat es mit den Füchsen auf der Insel ein Ende.

Schließlich verlassen wir die Ausstellung und schlendern noch kurz durch Zwillbrock, das aus nicht viel mehr als einer guten Handvoll Häusern besteht. Spätestens vor der schönen Barockkirche wird uns klar, was der Stationsleiter mit der Magnetwirkung der Flamingos auf die Touristen gemeint hat: Auf den Parkplatz passen weit mehr als hundert Autos. Fast alle Plätze sind belegt. Auch der Biergarten des »Kloppendiek« quillt über vor durstigen Besuchern. Wenn man es nicht besser wüsste, könnte man fast glauben, Anfang der 80er Jahre wäre ein findiger Werber im Schutze der Nacht zu einer großen Flamingo-Voliere geschlichen und hätte die Tür aufgemacht.

Aber das ist natürlich Quatsch. So etwas Verwegenes wie eine Flamingokolonie in Deutschland lässt sich nicht planen. Die entsteht einfach so, wider alle Gesetze der Wahrscheinlichkeit. Am Anfang wusste man in der Region auch noch gar nichts Rechtes mit den komischen Vögeln anzufangen. Weil man sich nicht vorstellen konnte, dass junge Flamingos am Zwillbrocker Venn überleben könnten, wurden die Küken von 1983 bis 1989 eingesammelt und an Zoos in der Umgebung abgegeben. Erst danach dämmerte den Verantwortlichen, dass das Venn im Umkreis von wahrscheinlich 1000 Kilometern oder mehr der einzige Ort ist, an dem Flamingos in freier Wildbahn überhaupt eine Chance haben, flügge zu werden. Es gibt nämlich nicht viele Seen, die flach genug sind, damit die Flamingos bequem durchs Wasser schreitend auf Nahrungssuche gehen

können. Und noch dazu eine Insel in der Mitte haben, die zumindest relativen Schutz vor Räubern bietet. Selbst wenn irgendwo beide Bedingungen erfüllt sein sollten, fehlt die entscheidende dritte, die das Zwillbrocker Venn für die Flamingos so einzigartig macht: die Lachmöwen beziehungsweise ihre Hinterlassenschaften. 4000 bis 6000 Lachmöwen machen nicht nur ein Mordsgeschrei, sondern produzieren auch Unmengen an Kot, die sie ganz ungeniert direkt in den See entladen. Durch diesen Dünger ist das Wasser so nährstoffreich, dass sich Algen und kleine Krebstiere – die bevorzugte Nahrung der Flamingos – im Gegensatz zu Fischen prächtig vermehren können.

Am nächsten Tag gönnen wir Felix eine Mückenpause, lassen also die Flamingos Flamingos sein und suchen nach anderen geeigneten Ausflugszielen in der Region. Das Zwillbrocker Venn liegt direkt an der Grenze. Gleich hinter dem großen Biergarten des Kloppendiek beginnt Holland. Die Häuser sehen hier anders aus, die Straßen auch. Und die Landschaft ist noch ein bisschen abwechslungsreicher als auf deutscher Seite. Wir steuern das Café »Haak en Hoek« an, von dem aus man auf einem ausgedehnten Spaziergang bis nach Zwillbrock und zum Flamingosee laufen könnte. Wir belassen es bei einem kurzen Rundgang und widmen uns ansonsten ausgiebig dem großen Spielplatz im Garten und den süßen Pfannkuchen.

Am Nachmittag fahren wir zum Witte Venn, einem Naturschutzgebiet, das ebenfalls direkt an der deutsch-niederländischen Grenze westlich von Alstätt liegt. Idealer Ausgangspunkt für kleine oder größere Erkundungsgänge ist die »Haarmühle«, ein großes Ausflugsrestaurant mit sehr großem Biergarten und gigantischem Kinderspielplatz. In nächster Nähe klappert eine 350 Jahre alte historische Wassermühle. Vor allem aber kann man von dort zu verschieden langen Touren durchs Witte Venn aufbrechen. Eine führt (ohne Zaun) direkt durch die Weidegründe einer Herde schottischer Hochlandrinder, die auf niederländischer Seite als lebende Rasenmäher helfen sollen, die Heide- und Moorflächen offen zu halten. Wir entscheiden uns für eine kleine Runde und ein frühes Abendessen in der Haarmühle.

Am nächsten Morgen will ich noch einmal herausfinden, ob es zwischen mir und den Flamingos nicht doch noch richtig funken will. Um halb sieben ist der Parkplatz am Lachmöwensee völlig leer. Die Möwen sind offensichtlich Frühaufsteher und kreischen bereits, was das Zeug hält. Nach ein paar Minuten Fußweg am noch dämmrigen Waldsaum entlang erreiche ich den zweiten großen Aussichtsturm am See. Später am Tag werden Radgruppen und Wanderer sich hier mit Eis am Stil und Erfrischungsgetränken versorgen. Noch aber habe ich den See ganz für mich allein. Ich gehe die Stufen zum Turm hoch, setze mich auf eine Bank und blicke auf die kreischende Insel mit ihren paar rosa Einsprengseln. Auch die Flamingos sind schon wach. Hocken auf ihren Nestern, schlagen mit den Flügeln oder pflügen mit ihren langen Hakenschnäbeln durchs Wasser. Nichts Besonderes – wenn man mal davon absieht, dass es Flamingos sind. Es könnte eine exakte Wiederholung der Ereignisse von unserer ersten Exkursion vor zwei Tagen sein. Nur dass ich jetzt mehr Muße habe, mich in der stillen Kunst der Tierbeobachtung zu üben. Meiner Theorie (und

erprobten Praxis) nach lässt die sich in drei Phasen unterteilen. Und kann nur dann erfolgreich und zufriedenstellend verlaufen, wenn man bis zur Phase 3 durchhält. Im Grunde ist das ganz leicht. Man braucht nur genügend Zeit, ein bisschen Gelassenheit und das Vertrauen, dass an der Theorie tatsächlich was dran ist.

Phase 1. Der Reiz des Neuen:
Die ersten Minuten sind immer einfach. Sie brennen lichterloh. Man schnappt sich das Fernglas, fokussiert, sieht die Tiere und denkt: Wow, Wahnsinn, Flamingos, mitten in Deutschland! Dann freut man sich ein paar Minuten über die knalligen Federn, die langen biegsamen Hälse und die spindeldürren Beine. Es gibt so vieles, was man entdecken kann. Aber irgendwann ist dann der Punkt erreicht, an dem man alles schon einmal gesehen hat – und schon ist das Strohfeuer wieder aus.

Phase 2. Die Mühen der Ebene:
Dann fängt man an, hin und her zu suchen, ob nicht einer der Vögel doch noch etwas Außergewöhnliches tut. Streit, Sex, am besten beides. Landeanflug direkt vor dem Beobachtungsturm, irgendwas. Die Tiere sind nach wie vor da. Aber der Reiz des Neuen ist weg. Stattdessen kommt die Ungeduld und mit ihr vielleicht die leise Enttäuschung darüber, dass die Begeisterung für die Tiere nicht weiter trägt. Viele machen den Fehler, genau in diesen schwachen Momenten nachzugeben und zu gehen. Dabei ist das Beste, was man machen kann, die aufkommende Unruhe auszusitzen und abzuwarten. Nicht darauf, dass irgendetwas Spektakuläres passiert, bloß Zeit verstreichen lassen und sich dem Ort hingeben, so gut es geht.

Phase 3. Angekommen:
Irgendwann, nach 20 Minuten vielleicht, oder noch ein bisschen später, beginnt man, poröser und durchlässiger zu werden. All das, was man von seinem Beobachtungspunkt aus sieht und hört, sickert langsam in einen hinein. Plötzlich ist die Ungeduld weg, die Augen rucken nicht mehr hin und her, man schaut einfach und genießt. Hat man diesen Zustand einmal erreicht, kann man sich entspannt zurücklehnen. Ungeduld und Langeweile braucht man von jetzt an nicht mehr zu fürchten.

Bei mir dauert es eine knappe halbe Stunde, bis der See und die kleine Insel mich aufgeknackt haben. Ich sehe die Möwen und denke wieder: Wow, so viele Möwen. Dann schaue ich nach den Flamingos: Wahnsinn, Flamingos, und das mitten in Deutschland! Aber dieses Mal ist es kein Strohfeuer. Die Begeisterung bleibt, und Zeit spielt keine Rolle mehr. Ich könnte den ganzen Tag so sitzen und auf den See schauen.

Der bedankt sich auf seine Art und hat, obwohl er es gar nicht nötig hätte, noch ein paar Überraschungen für mich parat. Plötzlich fliegen die 5000 Möwen alle auf einmal von der Insel auf und bleiben für mehrere Minuten in der Luft. Dabei veranstalten sie ein Spektakel, das ihr sonstiges Geschrei wie ein leises Wispern erscheinen lässt. Ein weißgrauer Vorhang aus Federleibern. Und als schließlich wieder Ruhe eingekehrt ist, finde ich tatsächlich noch eine seltene Nadel im großen Heuhaufen: Unter den Tausenden Lachmöwen am See lebt auch eine gute Handvoll der sehr ähnlich aussehenden Schwarzkopfmöwen. Eine von ihnen – da gibt mir die große Schautafel im Beobachtungsturm eindeutig recht – entdecke ich gar nicht weit von mir entfernt auf einem kleinen Schilfbüschel in der Nähe des Ufers.

WISSENSWERTES

WER

Der Rosaflamingo (Phoenicopterus roseus) ist mit einer Länge von 1,20 bis 1,40 Meter die größte Flamingoart und die einzige, die unter natürlichen Bedingungen auch im südlichen Europa vorkommt. Er hat ein weißrosa Gefieder und rosa Beine. **Der Chileflamingo (Phoenicopterus chilensis)** ist etwas kräftiger gefärbt und hat graue Beine mit roten Gelenken. Seine Heimat liegt in Südamerika, er wird oft von Zoos oder privaten Züchtern gehalten.

WO

Die meisten Flamingos leben in Afrika und Südamerika an salzhaltigen Gewässern. In Asien reicht das Vorkommen bis nach Indien. In Südeuropa kommen Flamingos vor allem in Spanien, Südfrankreich und Griechenland vor. Viel weiter nach Norden wagen sich die Vögel eigentlich nicht. An der deutsch-niederländischen Grenze bei Zwillbrock hat sich seit den 80er Jahren trotzdem eine kleine gemischte Flamingokolonie mit etwa 40 Tieren etabliert. Es handelt sich dabei um das mit großem Abstand nördlichste Flamingovorkommen der Welt.

BESONDERES

Ähnlich wie Säugetiere produzieren Flamingoeltern eine Art Milch, um ihren Nachwuchs großzuziehen. Die Milch ist sehr nahrhaft und wird in einer Drüse unterhalb des Halses von beiden Eltern produziert und bei Bedarf hochgewürgt.

ALTER

Flamingos erreichen in der Regel ein Alter von 30 Jahren und mehr. Einzelne Vögel werden sogar 50 Jahre alt.

SEX & SOZIALES

Flamingos sind sehr gesellige Vögel, die auf engem Raum zum Teil mit vielen tausend Artgenossen zusammenleben. Die Tiere sind überwiegend monogam. Beide Eltern beteiligen sich am Nestbau (in der Regel ein Kegel aus Schlamm, der ein wenig an eine Sandburg erinnert) und an der Aufzucht der Jungen. Das Junge schlüpft nach etwa 30 Tagen. Nach fünf bis zehn Tagen im Nest schließen sich die Jungen zu Gruppen zusammen, die wie in einem richtigen Kindergarten von einigen erwachsenen Vögeln beaufsichtigt werden. In einer Kolonie gibt es eine Reihe von gemeinsamen ritualisierten Verhaltensweisen, die das Gemeinschaftsgefühl stärken. Zu bestimmten Zeiten kann man deshalb beobachten, wie die ganze Gruppe synchron den Kopf in die Höhe reckt, die Flügel ausbreitet oder in eine Richtung marschiert.

KULINARISCHES

Flamingos ernähren sich von Kleinlebewesen oder Algen, die sie mit Hilfe ihres kompliziert konstruierten Schnabels aus dem Wasser filtern. Je nährstoffreicher der See oder die Lagune, desto besser für sie. Bei den Römern galt die fleischige Zunge der Flamingos als ausgesprochene Delikatesse. Die Geschmacksverirrungen der alten Römer haben vermutlich zu einer spürbaren Reduzierung der Flamingobestände rund ums Mittelmeer geführt.

AUSSICHTEN

Die Vereinten Nationen stufen auf ihrer Roten Liste den Rosaflamingo als nicht gefährdet und den Chile-, Zwerg- und Jamesflamingo als gering gefährdet ein. Doch die Kolonie am Zwillbrocker Fenn ist schon deshalb in ihrem Bestand bedroht, weil sie so klein ist. Eine Krankheit könnte die gesamte Gruppe auslöschen. Ein Raubtier, das auf die Insel gelangt, könnte alle Jungtiere auffressen, wie es in den 90er Jahren schon mehrfach vorgekommen ist.

AUF SAFARI

DIE BESTE ZEIT

Die Flamingos am Lachmöwensee lassen sich am besten von Mitte April bis Anfang Juli beobachten. Außerhalb der Brutsaison halten sie sich am niederländischen Ijsselmeer auf.

DAS BASISLAGER

Im Besucherzentrum der Biologischen Station (Zwillbrock 10, 48691 Vreden, Tel.: 02564/9860-0, www.bszwillbrock.de) erfährt man alles Wissenswerte über die Flamingos und erhält auch Ausflugstipps für die Region. Das Besucherzentrum bietet auch Führungen zu den Flamingos an. Dabei kommt man etwas dichter an die Vögel heran als von den öffentlichen Beobachtungstürmen.

VERSORGUNGSLAGE MITTELPRÄCHTIG

In Zwillbrock selbst ist das Hotelrestaurant Kloppendiek (www.Kloppendiek.de) zu empfehlen. Im näheren Umkreis gibt es einige weitere Hotels und schöne Ausflugslokale. Nächste Einkaufsmöglichkeit in Vreden.

ANDERE TIERE

Lachmöwe: Ob man will oder nicht, an den Lachmöwen führt rund ums Zwillbrocker Venn kein Weg vorbei. Die kleinste europäische Möwenart ist weder zu überhören noch zu übersehen. Bis in die 1980er Jahre hinein war die Kolonie am Venn sogar noch um ein Vielfaches größer. Bis zu 15 000 Vögel brüteten auf der kleinen Insel. Seitdem ist der Bestand (wie in anderen Regionen Deutschlands auch) wieder drastisch gesunken. Aktuell brüten dort 2000 Paare. Neben dem Verlust geeigneter Lebensräume spielt dabei vor allem der Rückgang der Nahrung eine Rolle. Gründe dafür sind die Intensivierung der Landwirtschaft und/oder das Verbot offener Mülldeponien.

Die **Dohle** ist bei uns der kleinste Rabenvogel und in der weiträumigen Umgebung von Zwillbrock auffallend häufig anzutreffen. Vermutlich sind die Lebensbedingungen im westlichen Münsterland besonders günstig. Es gibt viele alte Alleebäume mit geeigneten Bruthöhlen und viele Parks und Wiesen, auf denen die Dohlen bevorzugt auf Nahrungssuche gehen.

ANDERE ORTE

Rund um den Möwensee und das Naturschutzgebiet »Zwillbrocker Venn« führt ein gut ausgeschilderter, knapp sechs Kilometer langer Rundwanderweg, den man bequem von Zwillbrock aus erreicht. Will man das vor allem an Wochenenden hohe Ausflügleraufkommen umgehen, sollte man die Wanderung in die Abend- oder frühen Morgenstunden verlegen. Dann hat man die schöne Landschaft fast für sich allein. Der Weg führt zunächst direkt am Seeufer und den beiden Flamingo-Beobachtungstürmen vorbei. Am Westufer des Sees steht ein weiterer Aussichtsturm, von dem aus man unter anderem Graugänse und Kormorane beobachten kann. Dann verlässt man den See und geht durch lichte Wälder, vorbei an saftigen Wiesen, Birkenhainen und Heideflächen, bis man den Ausgangspunkt der Wanderung wieder erreicht.

ZUR VORBEREITUNG

www.haarmuehle.de
www.flamingoroute.com

HIN & HER

Zwillbrock liegt im westlichen Münsterland direkt an der deutsch-niederländischen Grenze, rund 80 Kilometer westlich von Münster und etwa 30 Kilometer nördlich von Bocholt. Anfahrtsskizze unter www.bszwillbrock.de/biologische-station/kontakt/anfahrtsskizze .

HELGOLAND

S. 228–245

15

MIT DEN HEULERN HEULEN

KEGELROBBEN AUF DER HELGOLÄNDER DÜNE

Helgoland. Einzige deutsche Hochsee-insel, Fels in der Brandung im weiten Meer. Schon die Fahrt dorthin fühlt sich nach Expedition und Abenteuer an. Wo sonst in Deutschland kann man schon zweieinhalb Stunden mit dem Schiff über das offene Meer fahren, um sein Ziel zu erreichen?

Für einen grauen Dezembermorgen tummeln sich überraschend viele Reisende an Bord der »Funny Girl«, die von Cuxhafen aus in See sticht. Urlauber, die für ein Grünkohlwochenende auf die Sandsteininsel fahren. Eine Gruppe Fotografen, die es auf die Kegelrobben abgesehen hat, aber mit ihren dicken Objektiven schon im Hafenbecken auf alles anlegt, was sich bewegt. Auch ein paar Einheimische, die an der Reling stehen. Zum Teil haben sie Weihnachtsbäume vom Festland mitgebracht. Die »Funny Girl« ist nicht klein. Trotzdem stampft und schlingert sie auf der Fahrt kräftig. Die Hochsee eben. Als es mir im Bauch des Schiffes zu ungemütlich wird, gehe ich an Deck und lasse mir den kalten Wind um die Nase wehen. Auch die Fotografen sind da und schauen, ob sie etwas Interessantes vor die Linse bekommen. Aber Kegelrobben sind noch nicht dabei. Vor allem die Jungtiere wandern zwar oft weit umher, doch gerade zur Geburts- und Paarungszeit halten sich die Robben lieber ganz nahe der Küsten und Inseln auf. Glücklicherweise ist es nicht mehr weit bis zur Düne.

Nach etwa zwei Stunden Fahrt tauchen am Horizont die Umrisse von Helgoland auf. Sie erinnern ein wenig an einen großen Ziegelstein. Spätestens bei der Hafeneinfahrt wird deutlich, wie karg und unvermutet klein die Insel ist. Ausgedehnte Spaziergänge kann man hier nicht machen. Der Fußweg zu meiner Ferienwohnung an der Promenade entlang geht einmal quer durch den Ort, dauert aber keine zehn Minuten. Praktischerweise liegt die Wohnung direkt an der Landungsbrücke, von der aus die Boote zur Düne ablegen. Also nur schnell das Gepäck loswerden und ab zu den Robben.Während ich über das Pflaster der Promenade schlendere, stelle ich mir vor, wie hier früher in kleinen Buchten oder Höhlen gesalzene Heringe und anderes Diebesgut lagerten. Störtebeker und anderen Piraten vor ihm und nach ihm diente Helgoland als Unterschlupf. Die Insel war ein Umschlagplatz für begehrte Waren aller Art, und noch heute sind die Spuren dieser Zeit überall sichtbar. »Schiffsausrüster« steht in großen blauen Buchstaben über einem der Geschäfte, an denen ich vorbeigehe. In den Regalen stehen dicht an dicht Schnapsflaschen, Zigarettenstangen, Parfümflakons und riesige Toblerone-Packungen. Was man als guter Kapitän für sein Schiff eben so braucht.

Helgoland hat eine lange Tradition in Sachen zollfreier Einkauf. Um der Insel das wirtschaftliche Überleben zu erleichtern, blieb sie von hohen Zoll- und Steuerabgaben verschont. 1973 erreichte die Zahl der Schnaps- und Schnäppchenjäger mit 820 000 Tagesbesuchern ihren Höhepunkt. Nach diesen Kaufrauschzeiten ging es dramatisch bergab. 2011 kamen knapp 310 000 Tagesgäste und damit erstmals wieder mehr als im Jahr davor. Die Helgoländer hoffen natürlich auf weiter steigende Besucherzahlen. Doch statt auf Schnapstouristen setzt man heute stärker auf Naturliebhaber. Die kommen auch im Winter und genießen die Ruhe. Die Kegelrobben können dabei nur helfen.

Seit einigen Jahren hat sich die Düne mit ihren Robben zur neuen Attraktion für Touristen gemausert. Außerdem trägt sie einiges zum Seelenfrieden der Helgoländer bei. Durch sie gibt es 0,7 Quadratkilometer Boden mehr, auf die sie in der ansonsten weit und breit insellosen Nordsee ihre Füße setzen können. Vor allem aber gibt es eine Alternative: Wer sich auf dem winzigen

Helgoland doch einmal eingeengt fühlt und die immer gleichen Wege nur mal für ein paar Stunden verlassen will, hat immerhin die Möglichkeit, auf die Düne zu wechseln. So gesehen sind auch die fünf Euro, die die kurze Überfahrt, inklusive Rückfahrt, kostet, bestens investiert.

Auf dem kleinen Boot tummeln sich dennoch hauptsächlich Touristen und Fotografen, kaum Einheimische. Offenbar kriegen die Helgoländer nicht so schnell den Inselkoller. Rolf Blädel ist zwischen November und Februar fast jeden zweiten Tag auf der Düne. Aber bei ihm ist das etwas anderes. Der Mann ist Helgoländer Seehundjäger und Robbenschützer. Also in offizieller Mission unterwegs. Er macht seine Kontrollgänge auf der Düne, um die Geburtenstatistik der Robben zu aktualisieren und die Robbenbabys zu markieren.

Die Liebe zur Insel hat ihn 1979 nach Helgoland verschlagen. Viele Jahre hat er hier als Polizist gearbeitet. Inzwischen ist er pensioniert und hat noch mehr Zeit für sein wichtiges Ehrenamt. Während der kurzen Überfahrt erzählt er mir, wie er dazu gekommen ist: »1989 gab es hier die erste große Staupe-Epidemie bei den Seehunden. Der Bürgermeister fragte mich, ob ich helfen könnte, und bot mir eine Flasche Cognac für jeden toten Seehund, der eingesammelt werden musste. Cognac mag ich nicht, deshalb haben wir uns auf zwei Flaschen Genever geeinigt«, sagt Blädel und lacht. Am Ende waren es 75 Seehunde. Weil es schwierig gewesen wäre, 150 Schnapsflaschen im Helgoländer Haushalt abzurechnen, hat er den Bürgermeister stattdessen darum gebeten, ihn beim Land als offiziellen Seehundjäger eintragen zu lassen. Mit seinem grauen Fischerbart und seinem trockenen Humor entspricht Blädel auch ziemlich genau dem Bild, das man von einem Walfänger, Walross- oder eben Seehundjäger hat. Der Begriff ist trotzdem irreführend. Rolf Blädel hat zwar die Lizenz zum Töten, aber nur, wenn es nötig ist, um einen Seehund von seinen Qualen zu erlösen. Die meiste Zeit kann er zum Glück das tierische Treiben auf der Düne einfach genießen.

Nach wenigen Minuten ist die Überfahrt geschafft. Das Boot macht an einer steilen Betonmole fest, und wir beginnen unseren Inselrundgang in Richtung Südstrand. Ich muss nicht lange warten, bis ich die erste Robbe sehe. Es ist Niedrigwasser. Auf dem nassen Sand am anderen Ende des Hafenbeckens liegt eine kleine Robbe mit dichtem, gelblich weißem Fell und riesigen runden Kulleraugen. »Das Junge ist gerade erst ein paar Tage alt«, sagt Blädel mit Kennerblick. Ein paar Meter weiter lässt sich die Mutter von der seichten Brandung umspülen. Es ist ungemütlich kalt, und ich bin froh, zwei Hosen und zwei Pullover übereinander zu tragen. Die Kegelrobben, lerne ich, gehen täglich ein paarmal ins Wasser, nur um sich abzukühlen! Das Muttertier ist etwa 1,80 Meter groß. Das Fell ist hellgrau und auf dem Rücken und an den Seiten mit dunklen Flecken übersät. Alles in allem sieht sie wie ein zu groß geratener Seehund aus.

Im tieferen Wasser des Hafenbeckens schwimmt gemächlich eine zweite Robbe hin und her. Sie ist deutlich größer und dunkler gefärbt, hat einen ausgeprägten kegelförmigen Kopf und dicke Speckfalten im Nacken. »Das ist ein Bulle«, sagt Blädel. Bei unserem Rundgang auf der Düne werden wir immer wieder solche Dreierkonstellationen sehen. Das sieht nach heiler Vater-Mutter-

Kind-Welt aus, ist es aber nicht. »Das Junge ist dem Bullen ganz egal. Der wartet nur darauf, dass die Alte ihn wieder ranlässt«, sagt Blädel.

Als ich stehen bleibe, um ein paar Fotos von dem Baby zu machen, äugt die Mutter misstrauisch nach oben. In den ersten Wochen nach der Geburt achten die Muttertiere peinlich genau darauf, dass niemand ihrem Nachwuchs zu nahe kommt. Ich kann mich kaum satt sehen an den schönen Tieren, aber Blädel will weiter. Keine Angst, beruhigt er mich, wir werden noch viel, viel mehr Robben sehen. Gleich hinter dem schmalen Durchgang zum Südstrand liegt ein weiteres Mutter-und-Kind-Gespann. Ein paar Meter weiter, gleich neben dem Weg, hat es sich ein merklich älteres und deutlich fetteres Jungtier bequem gemacht, das auf dem hellen Sand leicht zu übersehen ist. Die Mutter ist weit und breit nicht zu sehen. Entweder kühlt sie sich gerade im Meer ab, oder sie hat ihr Junges bereits verlassen.

Kegelrobben säugen ihren Nachwuchs kaum länger als drei Wochen, das allerdings ordentlich. Die Milch hat einen Fettgehalt von über 50 Prozent, so dass die Kleinen täglich ein bis zwei Kilogramm zunehmen. Wie man sich vorstellen kann, ist diese Zeit für die Mütter extrem kräftezehrend. Weil die Robben von November bis Februar ihre Jungen zur Welt bringen, lassen sich an den Stränden gut die verschiedenen Entwicklungsstufen beobachten: Unmittelbar nach der Geburt ist der Gewichts- und Größenunterschied zwischen Mutter und Kind noch gewaltig. Die Babyrobben wiegen zwischen 10 und 20 Kilogramm, die Mütter bis zu 180. Die Jungen werden in den Folgewochen so fett und prall, dass sie sich kaum noch bewegen können. Die Weibchen dagegen fallen so sehr vom Fleisch, dass sich die Beckenknochen unter dem Fell abzuzeichnen beginnen. Am Ende der Zeit wirken beide fast gleich groß.

Rolf Blädel hat es auf die jungen Robben abgesehen, die schon fett und rund und auf sich allein gestellt sind. Beherzt geht er auf das Tier zu, das zwischen Düne und Weg liegt, packt es an den Hinterbeinen und stanzt eine bunte Plastikmarkierung in die Schwimmhäute zwischen den Zehen. »Das tut nicht weh«, versichert er. »Die haben so viel Gefühl in den Schwimmhäuten wie wir in unseren Haaren.« Das Jungtier protestiert trotzdem vehement. Es brüllt und blökt und knurrt und zeigt allgemein wenig Respekt vor dem offiziellen Seehundjäger. »Ach, jetzt hör auf zu sabbeln«, raunzt der die Robbe gutmütig an. Selbst ab und zu zerfetzte Hosenbeine nimmt er für seine Arbeit gerne in Kauf. Der heftige Widerstand ist ja nur ein Beleg dafür, dass die Robben gesund sind. Und das erhöht die Chancen, anhand der kleinen Plastikmarken die Wanderbewegungen der Tiere möglichst lange nachvollziehen zu können.

Auf unserem Weg über den Strand registriert Rolf Blädel aufmerksam jede Robbe. Welches Jungtier ist gerade allein und noch ohne Marke? Welches Weibchen liegt in den Wehen oder hat gerade geworfen? Wo wird bereits die nächste Robbengeneration gezeugt? Auf seiner Runde entdeckt Blädel drei frisch geborene Robbenkinder, die in seiner Statistik noch fehlen. Es sind die Nummern 149, 150 und 151. Damit ist bereits Mitte Dezember der bisherige Geburtenrekord von 149 Babys aus dem Vorjahr übertroffen.

Dafür, dass die Wiederbesiedlung der Düne durch die Kegelrobben erst so kurz zurückliegt, ist

die Entwicklung des Bestandes enorm. »In den 80er Jahren wusste ich noch gar nicht, dass es so etwas wie Kegelrobben überhaupt gibt«, sagt Blädel. Aber schon damals müssen einzelne Tiere die Düne hin und wieder besucht haben. »Manchmal bin ich von einem Spaziergang zurückgekommen und hab gesagt: ›Heute habe ich vielleicht einen riesigen Klopper von Seehund gesehen, das glaubt ihr nicht‹«, erinnert sich Blädel. Das werden wohl Kegelrobben gewesen sein. Ende der 1990er gab es die erste Geburt auf der Düne, bis heute ist der Bestand auf rund 500 Tiere angewachsen. Viele von ihnen bleiben das ganze Jahr über. Vor allem junge Kegelrobben wandern weit umher (mehrere hundert Kilometer). So ist die Helgoländer Kolonie von England aus wieder besiedelt worden. Außerhalb der Geburten- und Fortpflanzungszeit nutzen die Tiere auch andere Sandbänke in der Region, die nicht so hochwassersicher sein müssen.

Für die Rückkehr der Robben ins Wattenmeer gibt es mehrere Gründe. Die Tiere werden seit Jahrzehnten nicht mehr bejagt. So konnten sich die Bestände erholen und die Tiere langsam auch die südliche Nordsee wieder besiedeln. Zudem ist die Nordsee heute viel weniger mit Schadstoffen belastet als noch in den 80er Jahren. Rund um Helgoland und seine Düne liegen außerdem die größten Naturschutzgebiete Schleswig-Holsteins, in denen der kommerzielle Fischfang verboten ist. Direkt vor ihrer Nase finden die Dünen-Robben also reichlich Nahrung und wenig Nahrungskonkurrenz. Das alles ist offenbar Grund genug, sich an der Nähe des Menschen nicht sonderlich zu stören. »Als die ersten Kegelrobben kamen, waren auf der Düne noch viel mehr Touristen als heute«, sagt Blädel. Schließlich setzte der schleichende Besucherrückgang damals gerade erst ein. Mit stoischer Gelassenheit haben die Kegelrobben es sich trotzdem überall da bequem gemacht, wo sie gerade wollten. Das ist bis heute so geblieben.

Nach knapp zwei Stunden hat der Seehundjäger seinen Rundgang um die Düne beendet und dabei rund 30 kleine Robben markiert. Ein guter Tag. Rolf Blädel fährt mit dem nächsten Boot zurück nach Helgoland. Ich würde gerne noch länger bleiben, aber es ist schon vier Uhr, und die letzte Fähre wartet. Wer die verpasst, muss bis zum nächsten Morgen bleiben.

Wieder zurück auf der Insel, beschließe ich den frühen Abend an den Hummerbuden am Binnenhafen. In die winzigen ehemaligen Fischerhütten sind längst Imbissbuden, Galerien und eine Ausstellung des Vereins »Jordsand« über die Inselnatur eingezogen. In der Adventszeit tun sich alle Hummerbudenbetreiber zusammen und bieten Kakao und Glühwein, Mandeln und Bratwurst an. Weihnachtsmarkt mit direktem Blick auf die Nordsee – ein Erlebnis für sich.

Den nächsten Morgen beginne ich mit einem Inselspaziergang. Gleich vor der Tür meiner Ferienwohnung gerate ich in eine klassische Fußgängerzone. Nur zehn Minuten später bin ich am anderen Ende Helgolands. Am Nordstrand, allein mit ein paar Möwen und Kormoranen unter dem hoch aufragenden Sandsteinfelsen des Oberlandes. Von hier führt der »Jägerstieg« auf das Oberland hinauf. Auf halber Strecke bleibe ich stehen, mein Fernglas in der Hand. Auf dem Sportplatz unter mir werden gerade Freistoßvarianten geübt. Es ist windig. Bei Heimspielen sind die Helgoländer bestimmt im Vorteil, weil sie genau wissen, wie die Bälle hier flattern.

Aus den verschiedenen Eindrücken setze ich mir mein eigenes buntes Inselgefühl zusammen: Helgoland, das ist ein bisschen Sylt und ganz viel alte Bundesrepublik mit seiner Fußgängerzone und der einheitlichen 60er- und 70er-Jahre-Architektur. Dazu kommt der besondere Charme, den alle Seebäder in der Nebensaison haben. Und eine gute Prise Lummerland, der heimeligen Insel, auf der Jim Knopf und Lukas der Lokomotivführer zu Hause sind. Die ist schließlich auch winzig klein.

Der Klippenrandweg über das Oberland gaukelt Weite vor, indem er jeden Zacken der zerklüfteten Küstenlinie penibel mitnimmt. Eine knappe Stunde kann man so im Bummeltempo spazieren gehen. Basstölpel und Lummen sind schon lange ausgeflogen. Die Ausblicke in die Tiefe und auf das Inselwahrzeichen, die »Lange Anna«, diesen einzelnen, schon deutlich geneigten Felsen am nordwestlichen Inselzipfel, ist trotzdem spektakulär. Mein Rundgang über das Felsplateau endet am »Café Krebs«, ganz in der Nähe des Fahrstuhls, der hier Oben und Unten miteinander verbindet. (Eine Fahrt kostet 60 Cent, mit »Rückfahrkarte« nur 95 Cent.) Und sie ist Pflicht für jeden Inselbesucher. Ich fahre also einmal runter und wieder hoch und genehmige mir einen Kaffee im »Krebs«. Vom Fenster aus hat man eine hervorragende Sicht auf die Düne. In der Mitte kann man ein großes flaches Gebäude erkennen. Das ist der Flughafen. Für Robbentouristen von besonderer Bedeutung. Es ist der einzige Ort auf der Düne, an dem man sich nach ein paar Stunden Robbengucken im Winter aufwärmen und mit heißem Kaffee oder einer Gulaschsuppe stärken kann.

Ich schlendere weiter zur Landungsbrücke. Bis Anfang des 18. Jahrhunderts war sie über eine schmale Landzunge mit der Hauptinsel verbunden und hatte selbst eine imposante Steilküste zu bieten, das »Witte Kliff«, einen gewaltigen Kreidefelsen. Der versank nach Erosion und menschlicher Aushöhlung 1711 im Meer und ließ nur einen gewaltigen Sandhaufen zurück. Die Landverbindung zwischen beiden Teilen zerbrach wenig später. Die Düne hatte fortan eine ziemlich unbeständige Gestalt. Erst in den 30er Jahren bekam sie durch viele Einfassungen aus Stahl, Beton und Steinen ihre jetzige Form.

Nach der kurzen Überfahrt zur Düne beginne ich meinen Rundgang wie am Vortag gegen den Uhrzeigersinn in Richtung Südstrand. Der Seehundjäger hatte recht. Die Tiere scheren sich kein bisschen um die Menschen und ihre komische Infrastruktur. Zwischen Südstrand und Aade hat sich ein weibliches Tier ausgerechnet die Landebahn des Flughafens als Geburtsort für ihr Junges ausgesucht. Ein fetter Bulle liegt daneben und passt auf, dass niemand dem Weibchen zu nahe kommt. Er will als Erster und Einziger zur Stelle sein, wenn die Dame in ein paar Tagen wieder paarungswillig wird. Nur mit großer Mühe gelingt es dem Flughafenpersonal nach Stunden, die Tiere von der Landebahn zu lotsen. Manche Wege auf der Düne bleiben für Tage versperrt, weil sich ein Muttertier mit Kind dort breitgemacht hat und niemanden durchlässt. Eine Robbenfamilie döst an einem Aussichtspunkt neben ein paar Strandkörben; ein fetter Jüngling, schon mitten im Fellwechsel, räkelt sich direkt am Wegrand.

Am Nordstrand und an der Aade liegen die Robben zum Teil so dicht, dass es beileibe nicht möglich ist, den erbetenen Abstand von 30 Metern zu den Tieren einzuhalten. Dann bewegt man sich eben im Zickzackkurs über den Strand und passt auf, dass man nicht zwischen Mutter und Robbenbaby oder zu nah an einen der großen territorialen Bullen gerät. Wichtiger als die strikte Abstandsregel ist ohnehin ein anderes Gebot: Du sollst nicht stören! Wie das am besten geht, ist eigentlich selbsterklärend. Wenn man zu dicht dran ist, werden die Robben unruhig. Sobald man das merkt, sollte man sich schleunigst entfernen. Vor allem, weil die Tiere nicht unnötig gestresst werden sollen. Aber auch, weil sie einem durchaus gefährlich werden können, wenn sie sich in die Enge gedrängt fühlen. In ihren Mäulern haben sie jedenfalls 32 ziemlich spitze Zähne sitzen.

Der Großteil der Dünenbesucher hält einen vernünftigen Abstand ein. Es ist der kleine Rest der Unvernünftigen, der Rolf Blädel und andere ehrenamtliche Robbenschützer immer wieder verständnislos den Kopf schütteln lässt. Auf meinem Rundgang sehe ich eine Gruppe Fotografen, die im engen Kreis um zwei kopulierende Kegelrobben herumsteht. Die beiden alten Tiere lassen sich in ihrem Liebesspiel nicht stören. Aber das Robbenbaby ist durch den Pulk von seiner Mutter getrennt und liegt, nur ein paar Schritte von den großen Kamerataschen entfernt, verstört zwischen den Steinen der Mole. Nur sehr widerwillig lassen sich die Fotografen von einem Mitarbeiter des Vereins Jordsand wieder zerstreuen.

Nach ein paar Stunden auf der Düne wärme ich mich kurz im Flughafengebäude auf und gehe dann noch einmal an den Nordstrand und zur Aade zurück. Die meisten Besucher scheinen gerade Mittagspause zu machen, so dass ich den Strand und die Robben für mich habe. Um mich

PROJEKT »HUMMERSCHERE« UND OPERATION »BIG BANG«

In den 1930er Jahren haben die Nazis den sich bis dahin stetig verändernden Sandberg der Düne mit Unmengen an Beton und Steinen in eine feste Form gegossen. Sie träumten davon, rund um Helgoland und die Düne den größten Kriegshafen Europas zu bauen. Nach Beendigung des Projektes »Hummerschere« sollte die gesamte deutsche Kriegsflotte Platz in dem gigantischen Hafen finden. Nach Ausbruch des Krieges wurde das Projekt nur noch halbherzig weiterverfolgt und 1941 eingestellt. Als Relikte aus dieser Zeit bleiben der Flughafen und ein stetiges Wachstum der Düne, das sich den Betoneinfassungen verdankt. Nach dem Krieg war den Briten dieser militärisch nutzbare Felsen im Meer, den sie 1890 im Tausch für Sansibar den Deutschen übergeben hatten, ein gewaltiger Dorn im Auge.

Sie setzten alles daran, eine künftige militärische Nutzung der Insel unmöglich zu machen oder das Eiland gleich ganz von der Seekarte zu tilgen. Monatelang stopften sie Unmengen an Munition in die vielen Bunker und Gänge auf der Insel, insgesamt 6700 Tonnen. Am 10. April 1947 wurde die Ladung dann in die Luft gejagt. Die Operation »Big Bang« war die größte nichtatomare Sprengung aller Zeiten. Aber die Insel versank nicht im Meer. Der Sandsteindeckel des Oberlandes wurde durch die Detonation nur leicht angehoben, so dass die größte Wucht der Detonation seitlich verpuffte. Dafür sackte auf der Südseite der Insel, nahe dem Hafen, das Oberland in sich zusammen, und das heutige Mittelland entstand.

Dem größenwahnsinnigen Projekt »Hummerschere« verdankt sich wenigstens etwas Gutes: Mit ihm kamen der Flughafen und eine ordentliche Anlegestelle auf die Düne. Darauf konnte man nach der Wiederbesiedlung Helgolands in den 50er Jahren aufbauen. Ohne Hafen und Flughafen hätte sich der bequeme Pendelverkehr zwischen Helgoland und der Düne vermutlich nicht so gut etabliert, und es wäre deutlich schwieriger, zu den Robben zu kommen.

herum nur pralles, fettes, überwältigendes tierisches Leben. Einige Meter von mir entfernt liegt ein Jungtier und blökt herzzerreißend. Wahrscheinlich ist es hungrig und einsam und langweilt sich, seit es von seiner Mutter verlassen wurde. Schließlich robbt es sich Meter für Meter dichter an mich ran. Auf der anderen Seite liegt eine Mutter zusammen mit ihrem Jungen. Sie berühren sich immer wieder zärtlich mit den Vorderflossen. Als ich gerade dabei bin, das neugierige verlassene Jungtier von meinem Rucksack zu verscheuchen, höre ich auf der anderen Seite ein merkwürdig schleifendes Geräusch. Ein schwerer Bulle schiebt sich gerade über den steinigen Strand. Man kann ihn sogar riechen. In der Luft hängt ein typischer Raubtierduft. Er robbt sich in Richtung eines Weibchens vor, das etwa 15 Meter entfernt von einem anderen Männchen liegt. Die Mutter wird unruhig und rollt sich ein paarmal um die eigene Achse dem Bullen entgegen, um mehr Abstand zwischen ihn und ihr Junges zu bringen. Aber der kräftige Bulle, dessen blutige Speckfalten von vielen Kämpfen künden, ist nur auf den Rivalen fokussiert. Er grunzt und schnaubt, öffnet sein Maul und präsentiert die spitzen Zähne. Die Drohgebärde reicht. Der andere zieht sich zurück.

Das alles passiert so natürlich, und vor allem direkt vor meiner Nase, dass ich mich wie aus der Zeit gefallen und an einen Ort fernab jeglicher Zivilisation versetzt fühle. Viel »zahmer« können auch die Tiere auf den Galapagosinseln nicht sein. In ganz Europa gibt es jedenfalls keinen anderen Ort, an dem man noch bequemer oder näher an Robben herankäme.

BUDEN

WISSENSWERTES

WER

Seit Problembär Bruno erschossen wurde, ist die **Kegelrobbe (Halichoerus grypus)** das mit Abstand größte Raubtier in Deutschland und neben dem Seehund die einzige vorkommende Robbenart. Die Bullen können bis zu 300 Kilogramm schwer werden. Die weiblichen Tiere sind deutlich leichter, besonders in den Wochen nach der Geburt.

WO

Die Kegelrobbe kommt in Küstengebieten im Nordatlantik, an der amerikanischen Ostküste, rund um Island und die Britischen Inseln und von der skandinavischen bis zur französischen Küste vor. Eine Unterart lebt in der Ostsee. In Deutschland gibt es – wieder – drei Kolonien: eine westlich von Amrum, eine bei den Inseln Borkum, Juist und Norderney und eine auf der Helgoländer Düne. So gute Beobachtungsmöglichkeiten wie dort finden sich sonst nirgends in Europa.

BESONDERES

Die weiblichen Tiere können eine Art Schwangerschaftspause einlegen. Sie paaren sich bereits kurz nach der Geburt der Jungen in den Wintermonaten wieder. Die befruchtete Eizelle wird dann aber für rund drei Monate zur Seite gelegt und entwickelt sich erst weiter, wenn sich die Mütter von ihrem anstrengenden und kräftezehrenden Nachwuchs erholt haben. Fast ebenso bemerkenswert ist, dass die Robben von Zeit zu Zeit ins kalte Meer gehen, bloß um sich abzukühlen!

ALTER

Kegelrobben können bis zu 40 Jahre alt werden. Die durchschnittliche Lebenserwartung liegt bei rund 20 Jahren.

SEX & SOZIALES

Die weiblichen Tiere suchen zur Geburt sichere Strandabschnitte auf, an denen sie ihre Jungen etwa drei Wochen lang säugen. Danach wird der Nachwuchs sich selbst überlassen. Weil die Weibchen schon einige Tage nach der Geburt wieder paarungswillig sind, lassen die älteren Bullen sie nicht aus den Augen und dulden keine anderen Männchen in ihrer Nähe. Wenn ein Eindringling das nicht kapieren will, kommt es zum Kampf, bei dem sich die Unterlegenen aber nicht mehr als ein paar blutige Speckfalten holen. Die Paarung selbst ist dann häufig eine eher friedliche und zärtliche Angelegenheit, die mit Vorspiel und allem Drum und Dran bis zu einer Stunde dauern kann.

KULINARISCHES

Jede ausgewachsene Kegelrobbe benötigt täglich mehr als zehn Kilogramm Fisch und anderes Meeresgetier. Zu den erbeuteten Fischen gehören Lachse, Dorsche, Heringe, Makrelen und Schollen. Auch Krabben, Krebse, Tintenfische oder eine unvorsichtige Ente zählen zum Nahrungsspektrum, für das die Robben bis zu 20 Minuten lang und 140 Meter tief tauchen. Für den Menschen ist Robbenfleisch nie besonders interessant gewesen. Die Tiere wurden wegen ihres Fells gejagt, vor allem aber, weil sie als unliebsamer Nahrungskonkurrent ausgeschaltet werden sollten.

AUSSICHTEN

Weil die Tiere in Europa seit Jahrzehnten nicht mehr gejagt werden, ist die Entwicklung insgesamt positiv. In den Meeren der Welt tummeln sich derzeit mehrere 100 000 Kegelrobben, allein knapp 150 000 davon an den Küsten Großbritanniens. In der deutschen Nordsee leben derzeit wieder mehr als 600 Kegelrobben, die meisten davon bei Helgoland. Die dortige Kolonie wächst kontinuierlich. Jedes Jahr wird ein neuer Geburtenrekord aufgestellt. Die Kolonie profitiert auch von Zuwanderern aus Großbritannien.

AUF SAFARI

DIE BESTE ZEIT

Die Kegelrobben kann man das ganze Jahr über auf der Düne beobachten. Die beste Zeit ist aber von Mitte November bis Ende Januar. Mit großer Wahrscheinlichkeit sieht man dann Mütter, die ihre Jungen stillen, alleingelassene Robbenkinder, kopulierende Paare und aggressive Bullen aus respektvoller Nähe.

DAS BASISLAGER

Der Verein Jordsand (Tel.: 04725/7787, helgoland @jordsand.de) hat in der Hummerbude 35 ein kleines Büro eingerichtet und bietet regelmäßige Führungen zu den Robben an. Auf der Düne kann man sich am besten im Restaurant des Flughafens (Tel.: 04725/7123) bei Kaffee und Kuchen oder Gulaschsuppe aufwärmen. Vorab unbedingt Öffnungszeiten erfragen.

VERSORGUNGSLAGE BESTENS

Auf Helgoland gibt es mit Sicherheit mehr Übernachtungsbetten als Einwohner. Auch in der Nebensaison sind viele Cafés und Restaurants geöffnet. Es gibt mehrere kleine Supermärkte, viele Andenkenläden und Boutiquen sowie ein großes Schwimmbad. Auf der Düne bekommt man im Flughafenrestaurant immerhin einen kleinen Imbiss.

ANDERE TIERE

Wenn man auf der Düne unterwegs ist, sieht man mit Sicherheit Trupps von kleinen, aber ziemlich kompakten Vögeln, die aufgeregt am Strand herumlaufen. Die Vögel, die im flachen Wasser und auf dem nassen Sand nach Nahrung suchen, gehören zur Gattung der Strandläufer. Ist das Gefieder ziemlich hell, sind es Sanderlinge (Calidris alba), von denen sich in den Wintermonaten große Schwärme an der Nordseeküste aufhalten. Ist das Gefieder auf der Oberseite eher braun, handelt es sich vermutlich um Alpenstrandläufer (Calidris alpina).

ZUR VORBEREITUNG

www.helgoland.de

HIN & HER

In den Wintermonaten besteht die einzige Fährverbindung nach Helgoland von Cuxhaven aus. Den Fahrplan der »Funny Girl« findet man auf der Seite der Reederei: www.cassen-eils.de. In den Sommermonaten fahren auch Schiffe von Hamburg, Wedel, Büsum, Bremerhafen und Wilhelmshaven aus. Ganzjährige Verbindungen mit dem Flugzeug bestehen zum Beispiel von Heide/Büsum und Bremerhaven aus.

SPENDEN & PATENSCHAFTEN

Über den Verein Jordsand und eine Spende von mindestens 50 Euro kann man die Patenschaft für ein Robbenbaby übernehmen. Man bekommt einen Patenbrief und kann den Namen der Robbe selbst bestimmen. Wer an einer Kegelrobbenpatenschaft interessiert ist, schreibt eine E-Mail an helgoland@jordsand.de oder ruft unter Tel.: 0472/57787 vor Ort an.

DANK

Die Idee zu »Deutschlandsafari« ist 2011 nach einer Südafrikareise entstanden. Nach den vielen tollen Tierbeobachtungen dort wollte ich in Deutschland einfach nicht mehr damit aufhören. Dass am Ende dieses Buch daraus wurde, verdanke ich vielen Leuten. Danke Thomas für den Zuspruch ganz am Anfang und die Arbeit am Exposé; danke Jakob fürs Entdecken zur rechten Zeit.

Ich danke Florian Gloza-Rausch und seinen Fledermäusen; Michael Klisch für die Gänsegeschichten; Jürgen Herper für den Spaziergang durchs Storchendorf; Günter Nowald für Kranichbeobachtungstipps; Andreas Kinser, Hilmar Freiherr von Münchhausen und der Deutschen Wildtier Stiftung; Peter Nitschke für die Fahrt durch die Heide; Henrik Watzke und Torsten Langgemach fürs frühe Aufstehen und gemeinsame Vogelbeobachten; Jean-Luc Meier für eine herrlich wackelige Bootsfahrt zu den Bibern; Uta Drozdowski und Katrin Sawall für ein Live-Erlebnis mit Kröten; Claudia Walter und Andreas Wenk für den Ausflug zu den Heckrindern; Henning Werth für den Murmeltier-Einführungskurs; Detlev Franz für die Sittich-Safari im Schneegestöber; Dietmar Ikemeyer für den Flamingo-Schnupperkurs und dem Seehundjäger Ralf Blädel.

Und vor allem Elisabeth und Felix fürs Mitkommen, Mitmachen und alles andere.

BILDNACHWEIS

S. 7 Claudia Walter. S. 42/43, 52 Florian Gloza-Rausch. S. 88/89, 90, 95 oben, 95 unten links, 96, 99 Deutsche Wildtier Stiftung. S. 120 Birgit Block. S. 125 Förderverein Großtrappenschutz. S. 138 © karlumbriaco – Fotolia.com. S. 160/161, 162, 173 Claudia Walter. S. 181 oben rechts, 185 oben links, 187 Henning Werth. S. 194/195, 196, 199/200, 205, 207 Detlev Franz. S. 210/211, 222 und Umschlagbild hinten Biologische Station Zwillbrock. Alle übrigen Fotos stammen vom Autor.

In der gleichen Reihe sind erschienen:

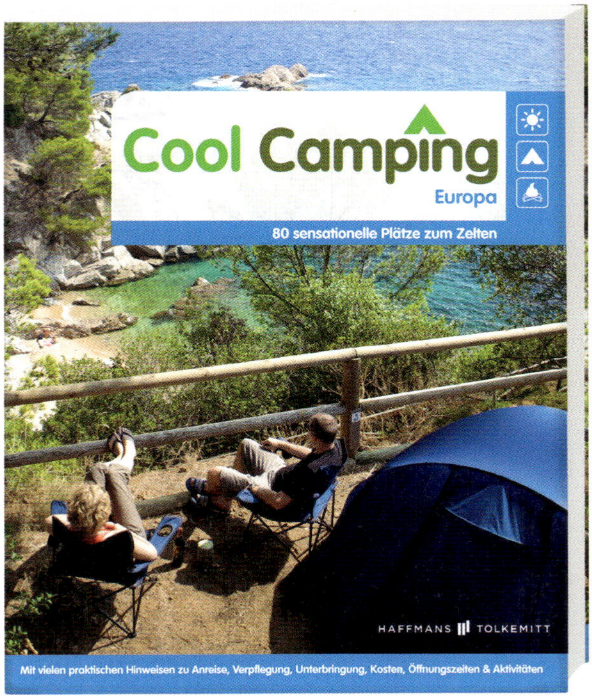

COOL CAMPING EUROPA

ISBN 978-3-942989-39-8
Nur € 19,90

»Dieses Camping-Brevier hat mit dem schnöden ADAC-Zeltplatz-Führer so viel gemein wie ein Hannoveraner Reihenmittelhaus mit dem Bungalow in den Dünen von Arcachon. ›Cool Camping Europa‹ stellt 80 Zeltplätze in Millionen-Dollar-Kulisse vor.« **STERN**

COOL CAMPING COOKBOOK

ISBN 978-3-942989-41-1
Nur € 17,90

»Das Kochbuch für begeisterte Freiluftköche verbindet die Liebe zur Natur mit der Lust auf gutes Essen. Dosenravioli und Tütensuppe können getrost daheim vergessen werden, es gibt so viel Besseres im Urlaub zu genießen!« **Bio123.de**

COOL CAMPING DEUTSCHLAND

ISBN 978-3-942989-40-4
Nur € 19,90

»Seine lockeren Einführungstexte zu jedem Platz lesen sich wie der Gegenentwurf zum klassischen ADAC-Campingführer: Sie sind subjektiv, frech und witzig. Damit wird Staschens Platzwegweiser zur alternativen Campingführer-Bibel Deutschlands.« **stern.de**

»Deutschland bietet die besten Zutaten für einen Traumurlaub im Sternenhimmel-Hotel.« **Nürnberger Presse**

»Die Gegenbewegung zur Verspießerung der Campingplätze ist längst da … Der Deutschland-Band stellt 60 sehr eigenwillige Campgrounds vor, wo man sein Zelt aufbauen oder in Tipis, in Baumhäusern oder Bauwagen schlafen kann … Die Bücher selbst sind richtige Hingucker, wenn es draußen eklig und grau und kalt ist, und man sich in den Frühling träumen will.« **taz.de**

HAFFMANS TOLKEMITT

Das laufende Programm

Sophie Andresky. *Schrille Nacht*
Eine heiße Weihnachtskreuzfahrt von Kiel nach Oslo. Mit Huhn.

Julian Assange & Suelette Dreyfus. *Underground*
Die Geschichte der frühen Hacker-Elite.

Will Bingley & Anthony Hope-Smith. *Gonzo*
Die grafische Biografie von Hunter S. Thompson.
Mit einem Vorwort von Alan Rinzler.

Steven M. Brown. *Glänze, Gespenst!*
Ein Schiff, dreitausend Männer, eine Woche Mexiko
und eine große Liebesgeschichte.

Richard Burton. *Die Tagebücher*
Die privaten Aufzeichnungen Richard Burtons.
Herausgegeben und mit einem Vorwort von Chris Williams.

Graham Chapman. *Autobiografie eines Lügners*
Deutsch von Harry Rowohlt.

Quintus Tullius Cicero. *Wie man eine Wahl gewinnt*
Der antike Ratgeber für Politiker.

Trevor Cole. *Die pragmatische Jean*
Deutsch von Sky Nonhoff.

James Frey. *Das Letzte Testament der Heiligen Schrift*
Deutsch von Alexa Hennig von Lange, Clemens J. Setz, Tina Uebel,
Zoë Jenny, Katja Scholtz, Kristof Magnusson, Charles Lewinsky,
Gerd Haffmans, Steffen Jacobs, Klaus Modick, Juli Zeh,
Sven Böttcher & Harry Rowohlt.

Thomas Fuchs. *Arminius – Kampf gegen Rom*
Roman über das Leben des ersten deutschen Freiheitskämpfers.

Fred Grimm. *»Wir wollen eine andere Welt!«*
Jugend in Deutschland 1900–2010.

Ulrich Holbein. *Ein Chinese in Rom*
Jean Paul und Goethe: Ein untendenziöses Doppelporträt.

Oliver Jeges. *Generation Maybe*
Die Signatur einer Epoche.

Boris Johnson. *72 Jungfrauen*
Deutsch von Juliane Zaubitzer.

David Lodge. *Ein ganzer Mann*
Der Lebensroman des Großschriftstellers,
Lebenskünstlers und Erfinders der »Zeitmaschine«, H. G. Wells.

Khalo Matabene, Sasha Abramsky. *Madiba*
Das Vermächtnis des Nelson Mandela.

Carlos Moore. *Fela Kuti! This Bitch of a Life*
Die autorisierte Biografie mit 62 Abbildungen.

Dambisa Moyo. *Dead Aid*
Warum Entwicklungshilfe nicht funktioniert
und was Afrika besser machen kann.

Yoko Ono. *Acorn*
Mit 100 Zeichnungen von Ono illustriert.

Robert Penn. *Vom Glück auf zwei Rädern*
Ein Buch für alle, die Fahrrad fahren.

Kate Pickett & Richard Wilkinson. *Gleichheit ist Glück*
Warum gerechte Gesellschaften für alle besser sind.

Gerhard Seyfried & Ziska Riemann. *Kraft durch Freunde*
Der Comic zu NSA-Skandal und Handygate.

Buch und E-Book sind jetzt Freunde!

Der Kauf dieses Buches berechtigt Sie zum einmaligen
Download des Textes als E-Book.
Damit Sie lesen können, wie und wo Sie wollen.

Dies ist Ihr Code für den Download des E-Books:

RSDSBEGR8HT

Gehen Sie auf www.hardcover-plus.de
und geben Sie den Code dort ein.

Bitte beachten Sie, dass die Weitergabe des E-Books
an Dritte nicht gestattet ist.